智元微库
OPEN MIND

成 长 也 是 一 种 美 好

［美］米歇尔·罗森（Michelle Rozen）著　　卢东民　译

6%

俱乐部

普通人逆袭的底层逻辑

THE 6% CLUB

UNLOCK THE SECRET TO ACHIEVING ANY GOAL
AND THRIVING IN BUSINESS AND LIFE

人民邮电出版社

北京

图书在版编目（CIP）数据

6%俱乐部：普通人逆袭的底层逻辑 /（美）米歇尔·罗森（Michelle Rozen）著；卢东民译. -- 北京：人民邮电出版社，2025. -- ISBN 978-7-115-67031-1

Ⅰ. B848.4-49

中国国家版本馆 CIP 数据核字第 20255PQ601 号

◆　　著　　［美］米歇尔·罗森（Michelle Rozen）
　　　　译　　卢东民
　　责任编辑　张渝涓
　　责任印制　周昇亮

◆人民邮电出版社出版发行　　北京市丰台区成寿寺路 11 号
邮编 100164　　电子邮件 315@ptpress.com.cn
网址 https://www.ptpress.com.cn
天津千鹤文化传播有限公司印刷

◆ 开本：880×1230　1/32
印张：9　　　　　　　　　　　　　2025 年 7 月第 1 版
字数：153 千字　　　　　　　　　 2025 年 7 月天津第 1 次印刷

著作权合同登记号　图字：01-2024-2290 号

定　价：49.80 元

读者服务热线：（010）67630125　印装质量热线：（010）81055316
反盗版热线：（010）81055315

谨以此书献给与我相濡以沫 28 年的亚当

前言
我决定弄清楚的是什么
以及它将如何改变你的生活

十多年来，我一直在从事着写作、研究和向世界各地的观众讲述如何做出改变等方面的工作。几年前，在得克萨斯州的一次活动中，我得到了"改变博士"这个绰号，从那时起，该绰号就一直伴随着我。在我的整个职业生涯中，我始终对几个简单的问题着迷不已：是什么让人们做出某种举动？是什么让他们愿意做一些事？反之，是什么让他们不愿意做另外一些事？

2023年1月，我开始了一个研究项目，其结果简直让我惊掉了下巴！该研究的对象是那些在新年时下定决心，并且承诺在接下来的一年中会对自己的生活做出各种改变的人。你很清楚，在过新年时，你会信誓旦旦地说，你要在新的一年变得更健康、更会支配金钱、对各种活动更有参与感、对你的孩子们更有耐心、做你一直都在谈论的事情，等等。我想更深入地研究这个问题。我想知道，这些做出承诺的人在1月到6月这半年时间之内，会为自己设定的目标做出怎样的改变。

我在第一章中谈到的研究结果让我无比震惊，这些结果促使我写出了这本书。这本书是为你写的！我想让你注意到，我希望你能拥有一套工具，它可以帮助你在生活和工作中实现自己的目标。

因此，我把我教给全球商业领袖的所有关于如何真正改变一个人生活和工作的秘诀都拿出来了，而且我不只是谈谈而已，我真正让改变在他们身上发生了，并且让他们坚持做下去了。多年来，我目睹了他们的生活和工作因为这套工具而发生了诸多改变。我也为你准备好了这套工具。

在这本书中，我将与你分享我所知道的一切，包括我教给世界上最成功的那些人的一切！这本书是你的成功手册，值得你一读再读。

知道如何改变生活、让自己希望看到的事情发生，这完全改变了游戏的玩法。你的生活即将以最惊人的方式发生改变。在这段旅程中，你并非孤身一人。陪伴你的除了这本书，还有我。

你准备好开始了吗？

真为你感到激动！

你的

米歇尔

目　录

第三部分 你的生活即将改变

致　谢

第一部分

你的秘密力量

大多数人一再做出同样的选择，甚至没有意识到这回事。是时候做一些不同的事情了。

第一章

让我惊掉下巴的研究

决定做出改变就意味着迎来全新的开始。想想生命中那些只要说出来就会让你激动不已的事吧。你会因为想到要每天去健身房、变得更有耐心、存了更多的钱，或者提高了自己在工作中的专注度和自律性而感到兴奋。你或将取得正在进修的学位、撰写你手里这样的一本书，或要开始优先考虑自己并对他人确立边界。

第 1 节
改变的承诺已经做出，现在该怎么办

很多人一再发誓，这辈子必须做到"那件事"。他们盘算着每天都去健身房、注重健康饮食、控制体重、积极储蓄、赚更多钱、提升参与感、做更称职的家长，或者不那么急躁……凡此种种，只要随便说出一项承诺，就有人发过誓一定要实现它。我敢打赌，你也不会例外。

长久以来，我意识到大多数说要做这些事情的人，很快就会放弃他们的承诺。人们向自己做出重大承诺，觉得自己正在开始这个令人兴奋的新改变，然而，数月之后，他们就会再次端起酒杯，或放弃锻炼，退回到之前的老路上去。

我进行励志演讲已经十年有余，每年都会与成千上万的听众交流。每次演讲后都有人对我说："哎，我一直想做这件事。""我有一个孩子，自打离婚后，我们已经十年没说过话了。""我有进食障碍，不过我从来没对其他人讲过。""我有个没有读完的学位……"从他们的眼睛里，我分明看到了他们的痛苦，也觉察到这些事情给他们带来了多么沉重的挫败感。每当他们说自己"真的受够了"时，我都能听出他们的言语中流露出的真诚。遗憾的是，他们声称要做的改变却很少发生。

我相信这样的事情在你身上也发生过。你明明想做某件事，也希望做出改变，无奈的是，你被生活束缚住了手脚，最终什么也没能改变。我知道这有多么令人沮丧。

人生短暂，好的改变会产生积极影响，它们一旦累积起来，就会产生更加深远的影响；而那些没有发生的改变同样会累积起来，它们不仅会让你的生活停滞不前，还会挫败你的斗志。

在自然界里，任何无法生长的生物都会萎缩、消亡。我们人类来到这颗星球，就是为了成长、为了进化、为了从持之以恒的每一件事中掌握"变好"的真谛。倘若你意志更坚强、专注度更高、能力更出众，并且可以实现自己设定的各种目标，你的生活就会越变越好。一旦你主宰了自己的生活，你的梦想就能成真，比如，你能决定自己如何行动、做何选择、怎样生活。

"目标"，虽然这两个字人人都会说，但很少有人真正理解它们。我们先谈谈什么是目标吧。你有没有想过，事实上"设定目标"这个概念是你在学校里从未学到过的？你在学校里学的是历史、数学和科学，然而除非你足够幸运，而且有人教你，否则你永远也学不到那些人生中最重要的技能。你有没有在哪节课上学过如何设定目标、如何真正坚持下去、如何小心谨慎、如何处理与他人的关系、如何处理与自己的关系，以及如何改变自己不喜欢的东西？

我敢打赌，你没有学过。

让我们来设想一下，假如在读高中时，你真的上过一门课，它涉及如何设定目标、如何有意识地采取行动，以及如何与生活中不同类型的人交往。这样的课会对你产生多大的影响呢？

你看，仅仅将目标写下来是远远不够的。你必须理解如何正确地设定目标。几年前，当时我正在上五年级的小女儿从学校回来，告诉我说，老师让她们写下自己的目标，她是这样写的：

我要成为更好的学生。

我不会忘记写作业。

我要在课堂上少讲话。

看着女儿写下的目标清单，我不禁自言自语："哪个目标都不可能实现。目标根本就不是这样设定的。"

让我们再来看看这张清单吧。比如，她该如何量化第一项目标，才知道它有没有实现？是什么让她成为"更好的学生"？如果她更专注、学习时间更长、上课更专心、听课更认真、参与课堂环节更积极、成绩更好、能独自开展相关主题的研究，她会成为更好的学生吗？我女儿的计划里并没有关于她该怎么努力的确切想法。

我给她的老师写了一封电子邮件，说："我想来教教孩子们如何设定目标。"

这位老师是这样回复的："不用了，孩子们已经定好了今年的目标。"

可悲的是，老师和孩子们都对自己的无知毫不知情。班上的孩子们以及他们所有无法实现的"目标"让我陷入了沉思。这件事再次让我想起了其他人那些未能实现的目标，还有那种感觉自己被困住，或者没有过上自己梦想中的生活导致的挫败感。就你的职业、健康、人际关系、财务、生意——或者你自己想要的任何其他东西——而言，无法过上你期望的生活，不是一件你需要学会接受和忍受的事，而是你需要去切实改变的事。

第 2 节
我决定研究的是什么，为什么这对你很重要

我还记得我决定开展研究的那一天，当时发生的一件事促使我写下了你手里的这本书。那天，人们排起了长队，等着我签名。轮到一位女士时，她看着我说："我叫海伦。我有 15 年没有锻炼过了。听了你的演讲后，我刚刚从一位听众那里订购了一台跑步机。我已经有了一个计划，也知道自己该做什么，我不会再因为没能好好把健康放在首位而跟自己过不去了。"

我请她发照片给我，并和她保持着联系。一年多来，她偶尔会发一张自己在跑步机上的照片，面带微笑的那种。她看起来非常自豪，也很健康。

就在同一天，一位男士告诉我，他有两个女儿，而过去十年里，他和女儿们的关系一直很疏远。他意识到自己必须要做出改变才行，要和她们说心里话，而且，他无论如何都要把这件事处理好。他简直无法想象，自己为何没有早点这样做，因为他这些年其实一直都有这种打算。刚刚在休息的间隙，他给女儿们发了信息，并计划在周六与她们见面时认真谈谈。

在回家的航班上，我就不停地琢磨：这到底是怎么回事？是什么让人们在自己想要做的事情上屡屡失手呢？

世界上有太多的痛苦，源于人们对生活中期待的事屡屡失手。这些事小到诸如锻炼身体、多吃蔬菜，大到诸如修复破裂的关系、改变职业规划、创办企业或扩大业务，抑或是接受他们想要的教育，不一而足。

我必须得弄清楚，问题是否像我想象的那么严重，和其中到底发生了什么。毕竟，只要能弄明白这个问题，我就可以帮助人们提前做好规划，以实现他们在生活的方方面面的目标，例如事业、人际关系、健康、金钱方面，凡此种种。因此，我必须得弄清楚问题所在。

第 3 节
我为什么惊掉了下巴

说干就干。我调查了 1 000 个年龄在 20 岁到 60 岁之间的人，他们都承诺过要对自己的生活做出改变。改变的类别涉及健康、金钱、工作，以及人际关系。从 1 月到 6 月，我对他们进行了调查，因为我想了解他们对于承诺过会去做的所有事情，是否都付诸行动了。他们真的会坚持到底吗？

你知道新年临近时的那种感觉吗？也就是你对即将到来的一年满怀憧憬，并对自己承诺要让它成为你有史以来最好的一年的感觉。虽然我们都有过这种体验，但是，之后会发生什么？

当 6 月到来，我完成对调查结果的分析后，几乎惊掉了下巴。在接受调查的 1 000 个人中，94% 的人在 2 月底之前就放弃了他们承诺要做的事情！

这意味着 94% 的人虽然想要，也下决心要改变生活中的某些事情，并对此感到兴奋，但是他们不知道随后该怎么做。这不仅导致他们继续承受生活中令他们不快的事情的折磨，还会引起沮丧、挫败、内疚、焦虑、绝望和抑郁等负面情绪。这些情绪在美国乃至世界各地都是一种流行病。

- 2023 年 1 月，22% 的美国成年人出现了抑郁症状。
- 每年有 4 千万美国人感到焦虑。
- 全世界有 3.22 亿人患有抑郁症。

研究表明，如果人们感到绝望，就会感到沮丧，而当他们感到沮丧时，则会感到更加绝望——这是一个恶性循环。

回想一下，你上次决定做出改变、养成新习惯或尝试新的做事方式的时候，你是否对自己能做到这件事怀有希望、感到乐观和兴奋？当没能坚持下来时，你是否会感到筋疲力尽和悲观失望？乐观并充满希望地相信自己真的可以做到——这是其中的秘诀吗？

我想和你谈谈希望，因为这个话题对我们正在谈论的内容至关重要。你有没有想过：希望到底是什么？它在你的生活中扮演着什么角色？希望本质上是一种乐观的信念，即事情会朝着最好的方向发展。它给你一种充满力量和决心的感觉，有助于你解决问题，克服困难，实现自己的目标。

希望是改变的催化剂。过去十年的广泛研究表明，充满希望的人更有可能实现自己的目标，选择更健康的生活习惯，有强烈的目的感，并且大体上对自己的生活感到更快乐。希望虽然是催化剂，让你的发展一帆风顺，但它不是改变的秘诀。那么，改变的秘诀究竟是什么呢？

当我看到研究数据，并意识到，立下目标的人中通常只有6%的人实现了他们的目标时，我下定了决心，要为那94%的未能实现目标的人做些什么。十多年来，我一直在向全球商业领袖分享做出持久改变的秘诀，其间，我见证了很多人的生活发生改变，许多人的生意和职业状况得到改观。我心想："只有一小群人知道如何做到这一点是不公平的。"你看，我知道那个秘诀是什么，我知道它是如此简单易行，我也知道我必须分享它！

十多年来，我一直在寻找各种可能的方式，来帮助人们在生活中做出持久的改变。在世界各地进行励志演讲时，我遇到了成千上万的人，听他们讲了数以万计的故事。

我知道有效改变的理论，也知道这项研究的意义。我只需要一个简单、强大且易于应用的工具来实践这些理论和研究——我一直在寻找这个工具。我知道它会给人们带来希望，我也知道人们需要它。

我每发现一条新信息，都会开发一个工具，不仅用它来与普通的读者、听众交谈，还用它与同我共事的商业领袖们交谈。我看到他们正在使用它，并亲耳听到他们谈起它带来的令人难以置信的改变。我在自己的生活中也使用过这些工具——就像其他人一样，我也想让我的生活变得更好。

　　意识到只有 6% 的人知道如何做出持久的改变，让我的使命感、紧迫感更加强烈。我知道我需要分享其中的秘诀，而且动作要快。

第 4 节
你的秘密力量

你知道自己拥有一种不可思议的秘密力量吗？这种力量就是你控制自己的生活，做出你需要做出的改变的能力。这也是你规划自己的职业生涯，改善自己的人际关系、健康状况等的能力。能否释放出这种秘密力量完全取决于你，以及你对自己负责的能力，它会引导你的生活向你渴望的方向发展。

掌控你的职业生涯

职业是生活的重要组成部分。你的秘密力量可以被释放出来，让你的生活、工作更加美好。这不是运气好坏的问题，而是如何抉择的问题。你可以决定自己如何规划职业道路、从事什么工作，以及如何实现自己的职业目标。你要通过设定明确的目标、提高技能水平和寻求晋升机会，来掌控你的职业生涯。

增进你的人际关系

你的秘密力量也会影响你的人际关系。无论是家人、朋友还是爱人，你都有能力与之建立有意义的联系。通过有效沟通、耐心倾听，并表现出同理心，你可以改善自己的人际关系。要意识到，你既可以亲近能为你的生活增添积极内容的人，又可以远离会给你的生活带来消极内容的人。

促进你的健康

身心健康是你个人生活的重要方面。你可以利用自己的秘密力量来掌控你的健康。这意味着你要做出有利于健康的选择，比如吃有营养的食物和经常活动身体。定期到医疗保健机构体检也有助于你保持健康。毋庸置疑，通过做出有利于你身心健康的选择，你就能更好地掌握你的秘密力量。

生意兴隆

如果你是一名企业家，或者正在从事商业活动，你的秘密力量就是你的企业家精神。这是你取得成功、进行创新和调整战略的驱动力。为了掌控你的生意，你需要制定明确的策略、做出明智的决策，以及从你过去的经验中学习。你的力量能够让你塑造自己生意的美好未来。

你的秘密力量将影响你生活的方方面面

你的秘密力量的作用不只局限于生活的某几个领域。你可以将其应用于你生活的各个方面，例如个人成长、爱好发展等。通过确定什么对你没有用，并做出必要的改变，你可以创造一种符合你愿望的生活。

对自己负责

你的秘密力量的一个关键方面是负责。你要对自己的选择和行为负责！你虽然无法控制事情的外因，但可以控制自己如何看待它们。对自己的决策及其后果负责，会让你能以一种充实和有意义的方式塑造自己的生活。

从想法到行动

你的秘密力量不仅仅存在于你的思想中，它也体现在你的行动上。你有能力把自己对生活的设想变成现实——这种能力就像你工具箱里的工具，可以在需要时随时使用。

期待挑战——你可以战胜它们

虽然人生道路上会有各种挑战的存在，但请记住，你的秘密力量便是你的韧性！它是你适应、学习和成长的能力。挑战是你挖掘自己的隐藏力量、找到新的解决方案，以及坚持下去的契机！

让周围的人支持你

使用你的秘密力量并不意味着孤军奋战。寻求他人的支持——无论是来自朋友、家人、导师，还是专业人士的支持——可能大有裨益。这并非软弱的表现，一定记住，在你需要的时候，要及时寻求帮助。

相信自己

你解锁秘密力量的关键是相信自己。要认识到，你有能力积极地改变自己的生活。你的秘密力量就像一个指南针，指引你走向你想要的生活。

你的秘密力量掌握在自己手中。你有能力掌控你的生活、规划你的职业生涯、创建有意义的关系、增进你的健康、在商业上取得成功，并在你生活的各个方面做出改变。你的责任感和韧性是你的力量的基石。它不是外界赋予你的力量，而是你内在的一种力量，等待着被你发现。请记住，你的秘密力量是真实存在的，你可以使用它、培养它，并与它一起茁壮成长。

第5节
6% 俱乐部将改变你的生活

回想一下你上次站在大厅里等电梯的场景。通过眼睛的余光，你看到有人来了，他按下了电梯按钮，然后几乎是本能地重复按着按钮，接着他变得越来越焦躁和沮丧，即使他知道这样并不会让电梯的升降速度变得更快……

有时这么做的人就是你：站在电梯按钮旁，不耐烦地按着它，带着紧迫感和挫败感，试图让电梯的升降速度更快点。想想看，是不是这么回事？

我去过世界各地，无论身处哪个会议中心或酒店大堂，也无论这么做的人有着怎样的文化背景、说着哪种语言，我都能看到这种现象。人们一遍又一遍地按下电梯按钮，力度越来越大，挫败感越来越强，却只能得到同样的结果：这不能让电梯的升降速度变得更快。

众所周知，一遍又一遍地按那个电梯按钮不会产生不同的结果；它不会让电梯的升降速度变得更快。世界各地的人不约而同地做着一些没有任何意义的事情，这幅一再出现的画面常常会让我思考：为什么人们的头脑会让他们做一些没有任何意义的事情？每个人都知道，不停地去按电梯按钮这种行为不会让电梯的升降速度更快，然而，几乎每个人都会日复一日甚至不假思索地这样做。为什么？

刚注意到这一点时，我开始问自己一些问题——主要是问，在生活中的哪些时候，我站在生活和工作的"电梯按钮"旁，一遍又一遍地按下那个按钮，无意识地重复着同样的行为、同样的选择，只是为了得到同样的结果？

世上有许许多多的痛苦和挫折。我知道你想改变其中的一些，也知道你已经为此挣扎了很多次，更知道有些时候你在想：为什么别人比我做起来更容易？这是某种因果报应吗？是我运气太差吗？

相信我，你很幸运，只是你甚至没有意识到，这么多年来，你一直站在生活和工作的电梯按钮旁，一遍又一遍地按下那个按钮，却只能得到同样的结果——从来没有人让你知道这个秘密。

这就是我为你写这本书的原因。现在，是时候弄清这种情况为什么发生、如何改变它，以及如何确保这种事不再发生在你身上了。是什么让那仅仅 6% 的人以不同的方式做事，从而使他们可以在职业发展、人际关系、健康、财务，以及其他一切方面得到他们想要的？

　　是时候让你摆脱在生活和工作中一遍又一遍盲目地按下电梯按钮的困境了。欢迎来到 6% 俱乐部！在这里，值得注意、有意为之和与众不同的事情即将发生。你的生活亦将随之改变！

时机无所谓好坏。
先迈出第一步吧。

第二章

94% 的人对这件事一无所知

绝大多数人从来没有得到过他们真正想要的东西。这是个可悲而残酷的事实，它困扰了我好长时间。我问自己："为什么这么多人感到自己的生活停滞不前并为此沮丧？为什么这么多人觉得许多事对别人起作用了，却总对自己不起作用？"

另一个问题是，很多人无法说清他们真正想要的是什么。他们虽然可能有某种想要"变得更好"或"得到更多"的想法，但从未明确这对自己来说意味着什么。如果最终目标不确定，要想实现它无疑就困难重重了。

研究中，让我震惊的是，这个群体有多么大，以及他们放弃目标有多么快。真的有很多人还没能过上他们所能够和应该过的那种生活。问题在于，有一些非常重要的事情，是所有这些人都不知道的。

第 1 节
为什么会有那么多的挫折和痛苦

你有没有停下来问过自己："现在对我来说什么最重要？"这个问题看似简单，实际上却并非如此。这虽然是每个人都应该反复问自己的最重要的问题，但遗憾的是，大多数人从来没有停下来这样做过。答案不一定只有一个：你的生活有不同的领域，也就会有不同的需求和不同的重大事项。这些事情可能与你的身体健康、职业、经济条件、个人成就感、人际关系或其他领域有关。

如果无法停下来明确你真正想要的是什么，什么对你的未来最重要，你就需要迈出开始改变的第一步，也是最重要的一步：暂时停下来，想一想。请先停止激烈的竞争，问自己一个非常重要的问题：我到底想要什么？你无须一下子就弄清楚自己在生活中的每个领域分别想要什么，然而，你确实需要定义至少一个想法、一种渴望、一样你想在生活中改变的事情——这是第一步！一旦你对目标做出了定义，就可以更好地开始驾驭你的生活之舟了。

　　停下来想象一下：你的生活就像一艘大船，请在脑海中选择一艘好像在向你说话的船——它也许是战列舰、游艇、帆船、游轮、渔船、快艇，或者老式的海盗船——这是你的生活，也就是你的船，所以请你在脑海中好好地想象一下它是什么样子。明白了吗？太棒了！

　　从出生起，你的船就已经在海上了。起初，它航行时只是按着那些养育你的人给你的指导来确定航向。父母或其他照顾你的人可能会牢牢地抓着船舵，也可能会任凭风暴摇晃你的船，将其推向跟最初所设想的不同的航向。

　　也许你从小就被告知将来应该做什么：父母可能会督促你成为一名专业人士，比如医生、律师，也可能会迫使你追随他们的脚步，甚至让你接管家族的生意。他们可能坚持要你上大学，或者强迫你去学一门手艺。监护人和老师可能会鼓励你，说你可以成功，也可能会试图限制你的期望，阻碍你前进。在一些家庭里，其成员会有这样一种观点，认为接受高等教育不是一种很好的选择，或者他们出于对失败和失望的恐惧，认为你不应该爬得太高。

　　然而，说到底：以上这些都无关紧要。

　　父母、祖父母、养父母、老师或其他权威人士告诉你什么、为你计划什么，以及督促你做什么，这些并不重要。对你来说，唯一重要的是你想要什么。这不是他们的生活，而是你的。这是你的船，你一旦成年，就到了掌舵的时候了。

　　世界上有太多的痛苦和挫折，来自太多的人让别人或某个随机的生活事件决定了他们人生的方向。如果没有人把他们推向某个方向，他们便会责怪外部环境。让自己为别人所操纵、为外部因素所困，并不是你获得幸福和成功的正确途径——只有掌控了自己的生活，你才能得偿所愿。

　　你的船已经在那里，正朝着某个方向航行。作为自己命运的船长，你如果无法控制这艘船并制定明确的航线，就将永远无法到达自己想去的地方。虽然任由你的船随波逐流，你最终也会到达某个地方，做一些事情，以某种方式生活，但你永远无法到达你想去的地方，实现你的梦想，成为最好的自己。你可以实现别人的梦想，也可以努力去满足你认为的，别人——父母、配偶、老板等等——对你的期望。然而，假如你能花些时间了解并确定自己要去哪里，从而掌握自己的生活之船的航向，这不是一件很神奇的事吗？

　　你不仅可以看到和做到一些令人惊叹的事情，还可以在相对较短的时间内到达目的地——知道如何创造可持续的改变，这具有巨大的力量。你也会变得更有韧性，对自己更有信心，因为你有一个目的地，和一个如何到达你下定决心要去的地方的计划。当风暴出现在你的生活中（因为风暴是生活的一部分，所以它们随时随地会出现）时，你可以战胜它们，而不会让它们动摇你，挫败你的精神意志，改变你的前进方向。清晰的目的地会让你的精神更强大，还能让你做事更有韧性。

年龄并不重要。你总有时间把握好每一天，成为自己命运的船长。你有责任为了自己和你爱的人让自己的生活变得更好。

世界上有很多令人痛苦的事。虽然这一直都是事实，但令人痛苦的事似乎还在增多。不快乐情绪正在全球蔓延。近年来，对生活感到不满的人数量激增。觉得自己过着最好生活的人，和感到无论是在个人还是职业层面都过得不好的人之间的数量差距越来越大了。竟然有这么多人觉得他们想要的生活和实际的感觉之间存在巨大的差距，其中到底发生了什么呢？

科技巨头甲骨文公司最近的一项研究发现，在 80% 的被调查者已经做好了转行准备的同时，仍有 75% 的被调查者觉得自己在职业上停滞不前，27% 的被调查者表示感觉自己被困在了日常生活中——人们想要改变，只是不知道如何去改变。虽然问题很复杂，但是解决方案其实很简单。

你想变得更快乐吗？请学会细化你的目标。

为什么？因为朝着目标努力，然后达成目标所产生的成就感与你的幸福感高度相关。这种成就感会让你自我感觉良好，能增强你的信心，并增加你生活的幸福指数。

反过来说，倘若没有明确的目标，你就会忽略什么是对你来说最重要的事情。小的障碍会因此显得很大，这会让它的严重程度变得不成比例，你也就更容易对此感到沮丧。这一切的发生，都是因为你忽视了大局，让所有的日常细节影响了你。

这是你停下来问自己的机会。你可以问问自己：我是否对生活中的某些事情感到沮丧？我是否感到被困住了？为什么事情没有按照我想要的方式发展？我只是运气不好吗？其他人比我更好吗？他们比我更配得上成功吗？

并非如此。你之所以能看到其他人获得成功，很可能是因为他们已经掌握了自己人生的船舵，并且正带着一个目标，朝着自己的目的地有意识地航行。

你没有意识到的是，你感到的沮丧情绪——无论是对事情没有解决感到生气或难过，还是因为事情没有按照你想要的方式发展而沮丧——其实会让你因祸得福。挫败感的出现意味着你已经准备好向前迈进，你已经不想再被困住了，你已经厌烦犯同样的错误或一再做出同样的选择了。你已经受够了！

"我受够了"的想法会让人产生一种紧迫感，它使改变成为当务之急，也会助推你前进。

第 2 节
做出重要承诺（并且说到做到）

　　每个人都会做出重要承诺。这是很容易的事。过更健康的生活是大多数美国人为即将到来的一年制订的第一项计划。根据《Statista[①] 全球消费者调查》，做更多运动、吃得更健康和减肥，是 2023 年美国人的三大新年决心，存钱则排名第四。这四大决心不仅限于美国人之中，上述报告显示，英国公民也有同样的四大优先事项。

　　花更多时间在陪伴家人和朋友上，而不是在社交媒体上的"老派"行为在该调查中也名列前茅。19% 的美国成年人还希望来年可以减轻工作压力。

　　你呢？你上次为自己设定目标是什么时候？你坚持了多久？你是成功实现目标了，还是失败了？如果是后者，你知道自己为什么失败吗？

　　你可能很想指出许多外部因素，比如生活很艰难，你太忙

---

① Statista 是一个全球性的数据分析公司，提供有关商业、社会和科技领域的统计数据和报告。——编注

了，你没有足够的钱，事情很有挑战性……这些情况我都理解。现在，既然你加入了 6% 俱乐部，成为只要设定了目标就无论如何都要坚持下去的那 6% 的人，就不会再给自己找借口了。无论如何，你都要说到做到，即使没有足够的钱，即使没有动力，即使任何事情似乎都对你不利，你也会挺过来的。

我知道这么做很难。我自己也经历过很多艰难时刻。逼迫自己很难，不放弃很难，走出自己的舒适区也很难。虽然挫折会令人沮丧，但我确实想让你知道：你越沮丧，越厌倦你现在的处境，你在这条路上也就能走得越远。请你拥抱痛苦，感受挫败感，这些都是很好的感觉。

它们会助推你前进。

第 3 节
20% 能量玻璃天花板

如果说哪句话是我一而再，再而三地从人们那里听到的，那就是"改变很难"。随后，他们叹了口气说："是的，然而……改变是不可避免的。"人们这样说，好像改变自己的行为方式是一个不幸的现实，每个人都必须忍受它，因为别无选择。

这让我陷入了沉思。

如果通过改变做事的方式去取得不同的结果的做法，实际上是让人们突破困境，最终实现目标，过上他们想要和应得的生活的唯一途径，那么为什么人们又会如此抗拒改变？为什么一想到改变，就会让人畏缩不前，雄心不再？

一方面，抗拒改变是出于对不确定性的恐惧。无论现状多么让人痛苦或沮丧，你对此都很熟悉，你知道会发生什么。另一方面，做出改变意味着你不知道未来会发生什么。虽然事情可能会变得更好，但你也会想象，事情可能会变得更糟、更痛苦、更令人沮丧。

有句老话说："别折腾船。"意思是不要惹是生非，不要轻易做出改变。好吧,你的生活不是别人的船,而是你的船!有时你必须改变航向,而这会导致船体摇晃,甚至可能让其他人感到不安。问题是:你活着是为了取悦别人,还是为了让自己活出最好的样子?两者不会兼得。

除了对不确定性的恐惧,当你谈到进行改变时,其他恐惧也会接踵而至——当然有对失败的恐惧,然而最令人惊讶的是,也有对成功的恐惧。

你害怕失败,是因为你不想面对自我感觉不好的痛苦。你想着如果自己失败了,别人会怎么说、怎么想;你害怕尴尬、羞愧、后悔和悲伤。谁能怪你呢?这些都不是什么好事。

然而,你能相信人们对成功的恐惧实际上比对失败的恐惧更深吗?我知道,虽然这很令人震惊,但仔细想想,也不无道理。如果你习惯了搞砸,放弃,再搞砸,再放弃的过程,那么你就会对这些起起落落感到熟悉,即使你可能没有意识到这一点,也知道这个流程了,毕竟它以前在你身上发生过。成功,即设定目标并切实贯彻执行,然后设定更大、更雄心勃勃的目标,对你来说可能是一个全新的领域。所有这些新的感受、新的行为、新的做事方式、新的挑战,对你来说都是可怕的。你害怕未知的东西,哪怕是成功!

可是,仅仅是恐惧阻碍了你吗?我觉得这只是问题的一部分，并不是核心。

那么，问题的核心是什么？我开始反思自己的生活，重新审视自己：我会在生活中的什么地方，以仅仅稍有不同的方式，一次次地重复同样的选择，而不是找出一种新的方式，来真正推动事情向前发展？我在不停地按哪个电梯按钮？我会在什么时候拒绝选择我"开船"的方向，只是让它随波逐流？

想得越多，我就越意识到，我在生活的许多领域重复着同样的选择、采用同样的做事模式。起初，这令人惊讶，也有点令人沮丧。

我和人们对此事的反应是一样的，而我们的借口也一模一样。比如，我一次又一次地推掉健身房的预约，声称自己没有时间；我会吃零食而不是健康食品；我没有为自己对同样的人和同样的事情设定边界，总是勉强接受这些人和事，然后为此心烦意乱——我是个一流的老好人。

想得越多，我就越意识到，我在自己生活的每个领域，都在重复做出同样的选择。

我必须弄清楚其中的原因。它不止是我对改变的恐惧，对失败或成功的恐惧，凡此种种。而以下就是我所发现的东西。

你的大脑需要消耗你全身20%左右的能量来维持其正常工作。如果你回顾自己到目前为止的一天——工作、家务、新闻、食物等——你就会发现，这一切都会让你感到很熟悉，以前做过的事，你现在也知道怎么做。然而光是让你做这一系列已经熟悉得不行的事，大脑就已经消耗掉你全身 20% 左右的能量了，这对你一天的能量消耗来说占比巨大，可大脑消耗这么多能量，只是为了做一些你基本上可以在"自动驾驶"模式下做的事情。

因此，每次你让自己的大脑做不同的事，就是在与它作对，比如选择：

- 对他人做出反应的新方式。
- 新的锻炼习惯。
- 新的饮食习惯。
- 优先考虑自己的新方式。
- 管理时间和精力的新方式。
- 对自己想要的东西采取行动的新方式。

无论你想做什么新鲜事，都是在强迫自己的大脑消耗比平时更多的能量。换句话说，大脑讨厌新事物。

为什么？因为做不同的事对大脑来说是额外的工作。这么做需要大脑消耗更多的能量，因此大脑更愿意避免这类事情。对于大脑来说，重复旧的习惯、旧的做事方式、旧的选择要容易得多，因为这样做可以节省能量。

　　有科学研究表明，普通人每天要做出大约 35 000 个决策：
吃什么？如何行动？穿什么？怎么工作？把时间和精力花在什
么地方？……你每天都会做出很多决策，而这些决策塑造了你
的生活。因为大脑不可能有意识地处理这么多决策，所以绝大
多数决策都是大脑自动完成的，也就是你不假思索地完成的——
这就叫做在"自动驾驶"模式下做出的决策。每当你试图有意
识地将这些决策中的任何一个从"自动驾驶"模式中拉出来，
故意做出不同的、更好的选择时，你都会遇到一个意想不到的
对手的反对，这个对手就是你的大脑。为什么？因为做出新的
选择需要消耗更多的能量，而大脑需要一个非常有说服力的理
由来做出相应的努力。老实说，它宁愿不这样做。

第 4 节
大脑中现成的路

我不知道你上次去远足是什么时候。我希望你和我一样喜欢远足。坦率地说，我不是超级挑战性徒步的忠实粉丝，我喜欢简单易走的小路——就是被人们称为"家庭友好型路线"的那种。

最近，每次远足，我的脑海中都会浮现出同样的比喻——徒步让我想到了习惯和大脑的关系。习惯就像大脑中现成的路，越是现成的路，走的人越多，它就变得越好走。

就像徒步旅行时你更容易走现成的路一样，大脑也更容易选择现成的路：基于你以前做过很多次的事情形成的神经通路[1]。

去你经常光顾的餐厅，比选择新餐厅更容易；把问题归咎于环境或其他人，比主动去掌握情况并采取一些措施解决问题更容易；留住对你没有好处的关系，比弄清楚如何结束它们更

---

[1] 神经通路也叫传导通路，神经系统内传导某一特定信息的通路。——译注

容易……做同样的事情、同样的选择，基本上是你大脑中现有的神经通路所默认的，它现成的路就是一遍遍重复同样的选择，因为大脑这么做所消耗的能量更少。

可是，如果这些做法对你没有好处呢？如果这家餐厅只是马马虎虎，而其他地方还有更好的选择呢？如果你梦寐以求的工作就在街对面的大楼里等着你呢？如果你能做点什么来缓解与家人的紧张关系呢？如果有一种新的资金管理方式，真的能帮助你实现目标呢？

如果现在正是你开辟一条新的路，并走上去的时候呢？

第 5 节
永远不要和大脑达成的交易

你的大脑每天都在向你提出一笔交易。这种交易很简单。大脑说："你想要生活中所有那些美好的东西——你想要健康，你想要快乐，你想要信心和成就感，这很好。"

如果大脑能和你进行对话，它会继续说："但我想要的是节约能量。换句话说，我想保持占你全身能量 20% 左右的能量消耗水平。生活中你想要的任何东西都无法改变我希望事情保持原样的强烈要求，这样我就可以节省能量，而你将会陷入困境、感到沮丧和在余生中不停地原地兜圈子。我们达成协议了吗？请在这里、这里和这里签名。"

事情就是如此。94% 的人在不读细则的情况下，就签署了与大脑的协议。他们不停地重复同样的错误，乃至常常在他们的余生中重复做出对他们不利的选择。这一切都是因为他们的大脑不想更努力地工作，消耗比现在更多的能量，而是只想让他们维持生存和度过平常的一天。

同意这笔交易的人可能会把自己的现状归咎于其他人，归咎于天气、公司上级或父母，而实际上，是他们自己和自己的大脑签署了那份协议。是他们采取了简单的方式——不停地重复同样的选择。

到底为什么有人会这样做？假如他们知道还有更好的路径，可以前往他们想去的地方，他们又为什么要屈服于这个陷阱呢？归根结底，对于大多数人来说，舒适胜过渴望。

第 6 节
自动驾驶的舒适性

在上文中，我们谈到了普通人每天会做出大约 35 000 个决策，从最小的决策——比如吃什么、穿什么、坐在哪、说什么、上班的路线，以及今天是否锻炼——到重大的人生决策，比如学习什么、是否结婚、和谁结婚、是否及何时要孩子、选择什么样的职业道路，以及如何管理你的健康、金钱，等等。

你不可能每天花费那么多的时间和精力去做出 35 000 个决策：你太忙了，没有足够的时间，因此绝大多数决策都是自动做出的，并在自动驾驶模式下执行。这实际上意味着，你在出于习惯，不假思索地做这些事。你上次有意识地考虑早晨洗漱完后关掉浴室的灯是什么时候？这样的决策很可能就是大脑在自动驾驶模式下做的决策之一。做完饭后关掉炉子也是一样的，你是否有意识地记得自己每次都这样做？你有没有在开车回家的路上意识到自己实际上不记得旅程的一部分了？

大脑很容易处于自动驾驶模式。一旦它认为某件事已经成为一种模式，它就会放松下来，让习惯接替自己做决策。于是，很多时候，我们让习惯主导了我们的生活，即使这显然不是正确的选择。

让我们这样想吧：现在是星期五晚上，你穿好衣服，准备出去和朋友一起吃晚饭。你上了车，想着哪些朋友会在那里，你会对他们说什么，可几分钟后，你突然意识到自己正驱车行驶在去上班的路上。这种情况在你身上发生过吗？

这种现象的发生说明你的大脑已经处于自动驾驶模式。生活中，在做出会影响你生活方方面面的选择时，你还在什么地方、什么时候，让自己在不知不觉中处于自动驾驶模式了？

要真正改变生活中你想改变的事情，把自己和94%的人，即那些说他们会做某事，也对他们承诺做的事情感到兴奋，却很快就会放弃，回到之前的老路上的人区分开来，你就需要走出自动驾驶模式，让自己保持专注于当下。

请让我告诉你一条好消息：专注不仅容易，还很神奇——专注于当下是一种美妙的生活方式。保持专注看起来复杂，其实很简单，我现在就要和你分享如何去做。

第 7 节
没人告诉你的秘密

　　一旦学会了这个在学校里没有人教过你的秘密，你的生活就将永远改变。这个秘密很简单，就在这里：

　　你拥有的改变自己生活的力量，比你意识到的要大得多。

　　你正在经历的，因事情没有按照你想要的方式发展而产生的挫败感即将消失。那 6% 的人与众不同的原因并不复杂。一旦你掌握了其中秘密，这个秘密就会改变你生活的方方面面。你会发现，你可以在生活的每个领域中以不同的方式使用它。

　　你可能会看着生活中或社交媒体上的那些名人，认为他们可以做到你做不到的事情。你想知道为什么他们更有钱，为什么他们有你想要的情感关系，为什么他们看上去这么漂亮，或者为什么他们看起来更自信……你可能更想知道这些事情是否会发生在你身上。

　　我接下来要去深入讨论的并不是你对这些人的看法，特别是在没有考虑你看到的这些人如何在社交媒体上展示自己的情况下，而这实际上是我们这个时代最大的伪装。我不是来告诉你怎么成为他们那样的人的，而是来告诉你怎么成为更好的你自己的。

你可以去做任何你想做的事情。这不是陈词滥调，而是可能成为你的现实，不管你是谁，来自哪里，起点如何，或者现在拥有什么。你可能正在一份没有前途的工作里挣扎，在人际关系中受挫，过着朝不保夕的生活，想知道每个月如何勉强度日……这些都不重要，重要的是你现在要去哪里。是时候展望未来了——一个你可以有意识地创造的未来，一个你拥有想要的一切的未来。在这里，你掌握着自己选择的方向盘；你可以把握自己的健康状况、人际关系、职业和生活。

你可以拥有理想的工作，赚比自己所期望的更多的钱，与珍惜你的人谈恋爱，享受一段你期待已久的假日，买下你梦寐以求的房子，创立一家不可思议的企业，变得更健康，保持好身材，与你的家人共度你一直想要的美好时光……你可以把你的船开到最美丽的港口，掌握自己的命运，你只需要知道该如何做。94% 的人想要改变自己的生活，却不知道怎么做，而你即将发现他们所不知道的东西，从而以惊人的方式改变你的生活。我知道，它已经改变了我的生活。

第 8 节
为什么你的舒适区是蜜糖陷阱

你有没有想过改变或开始某些事物，却感到回到你早已习惯的舒适区太诱人了？舒适区就是让你感到熟悉和安全的领域，而这恰恰会阻碍你做出新选择。在你的舒适区里，你知道未来会发生什么，你的大脑也无须努力去适应新的做事方式。也许你已经习惯了靠吃东西释放压力；也许你已经习惯了对他人大发雷霆；也许你已经习惯了做一个老好人；也许你已经习惯了在工作和家庭中做出仓促的决策，然后追悔莫及……这些"习惯"都是你的舒适区。

为什么在舒适区里感觉这么好

舒适区就像你穿惯了的旧拖鞋，或者是你已经习惯的毯子和枕头。在舒适区里，你会感到轻松和安全，因为你知道未来会发生什么。你暗暗地喜欢这种感觉。即使你后来对自己和自己的选择感到失望，这也会让你感到舒服。知道为什么吗？因为那种失望的感觉对你来说也格外熟悉。

你经历过很多次这样的情况了，你知道那种感觉，它对你来说并不陌生。舒适区内的选择和惯例都是你非常熟悉的，你已经习惯了它们，它们不会威胁你，你也无须付出太多努力就能从容应对。你可能会想："我为什么要离开一个让我感觉如此舒服的地方？"

说得好。然而现实情况是：舒适区正在欺骗你！

舒适区是骗人的——这就是它的骗术

舒适区是一个蜜糖陷阱，它让你无法在生活的各个方面充分发挥你的潜力。它阻止你按照自己想要的方式去生活。

你变得停滞不前。你见过那些早早停止成长和发展的人吗？那些明明年轻却觉得自己老了的人？反过来说，你见过那些充满活力的老年人吗？停滞不前剥夺了你生命中最重要的力量来源：目标。它会导致无聊，虽然你因此取得了一种轻松感，但另一种不安感同样会悄悄袭来，那便是一种不满足感。

你错过了机会。我见过太多次这样的情景：有些人放弃了很好的工作机会，仅仅是因为这个工作机会不在他们的舒适区内，有些人错过了结识新朋友的机会，只是因为这些新朋友不符合他们的认知和期望。我认识一些人，虽然他们已经参加节食互助小组 30 年了，但是体重并没有因此而减轻。

　　如果这些人进入了新的职业领域，打开了新的视野，拥有了新的机会，并赋予自己的生活更多意义，那么会怎样？如果这些人因不想扩大朋友圈而错过了与他们的完美配偶、强大的导师或潜在的最好朋友见面的机会，那么又会怎样？如果这些人选择真的去减肥，而不只是和其他做同样事情的人一起聊这个话题 30 年呢？如果他们迈出最小而又最坚实的一步，他们的生活会有多么大的不同！

　　你变得沮丧。毫无疑问，舒适区不会让你更快乐，它只会让你产生挫败感。你想要的事物不会到来，你所希望发生的事也不会实现。虽然你试图让改变发生，但是，你真的走出了自己的舒适区，并采取切实有效的措施去做出改变了吗？

　　我不是来告诉你要走出舒适区的。我来这里是为了让你看清现状的。你甚至可能没有意识到自己其实一直待在舒适区里。然而，如果你想活出最好的人生，那么及早走出舒适区很重要。只要还在舒适区里，你就没有办法充分发挥自己的潜力。

为什么走出舒适区对你来说很重要

我已经生活在自己的舒适区之外很多年了，离开它让我的生活发生了惊人的改变。只要离开舒适区，奇妙的改变就会发生在你身上，这是一笔划算的交易。

你会成长。虽然做不习惯的事情并付出更多的脑力可能会让你感到不那么舒服，但你的生活却会因此变得更加有趣，你这个人也会变得更有趣，你不会感到无聊，你的生活也不会无聊。这不是一笔糟糕的交易，实际上，这笔交易非常划算。

你会克服自己的恐惧。是的，你在走出舒适区时会害怕，毕竟这意味着你可能会遭遇失败。而直面恐惧是克服恐惧的有力方式，它能阻止恐惧控制你的生活和支配你的选择。

你正走在实现目标的道路上。虽然关于如何做到这一点，我还需要教你更多的东西，但是，有一件事是肯定的：你想去达成的目标在离你的舒适区很远的地方。无论你想要什么——一份理想的工作、一种更健康的生活方式、一段充实的关系——所有这些东西，你都需要走出舒适区才能得到。

你会体验到新事物。这个世界充满了激动人心的体验，等待着你去发现。新地方、新食物、新朋友、新工作、新的生活和享受的方式，都等待着你去探索。这些美好的东西都在舒适区之外等着你。既然如此，你如何才能真正从舒适区离开呢？

离开舒适区的五个步骤

意识到你正在一次次做着同样的事情，而且你需要离开你的舒适区，这一点很重要。毕竟，觉察是第一位的。大多数人甚至没有意识到自己被困在舒适区里，他们只是盲目地过着日子。既然你现在已经意识到了自己需要离开舒适区，那么接下来的步骤是什么？以下是你可以立即实践的五个步骤：

步骤 1　确定你的舒适区。 仅仅说你需要离开舒适区是不够的，你还需要清晰地定义它。请你找出那些你在生活中倾向于保持舒适的领域：是在你的职业选择上吗？还是你处理人际关系的方式？或者是你为自己考虑的方式？这个时候，目标明确是关键。

步骤 2　从小处着手。 你无须一边在生活的多个方面挑战自我，同时尝试好几种新事物，一边狂热地宣称自己正在走出舒适区——这会让你不堪重负。相反，请只选择一件事，从小处着手。记住，成功会孕育成功，当你选择以一种小的方式来改变自己，并发现它奏效了，你就会一做再做，从而变得越来越自信满满、雄心勃勃。你必须找到自己走出舒适区的方式，这是一种需要习得的心态。

步骤3 拥抱改变。拥抱改变意味着，你意识到即使是最令你舒适的舒适区也不可能永远存在。世界正在以惊人的速度发生改变，除非你真的想与世隔绝，否则抵制改变是行不通的。因此，如果一切都会改变，不如趁早行动起来——你有这个潜力！

步骤4 组建可以帮助你的支撑体系。生活中有人相信你吗？如果有，请你关注他们，并与他们分享你的目标。在他们的陪伴下走出舒适区，会让你感到兴奋。另外，你身边有没有自己过得百无聊赖，其主要乐趣就是看到别人过得不如他们的人？要小心这种人——你与他们的距离越远，对你来说就越好。

步骤5 从错误中吸取教训。你犯了错？太好了，你正好发现了一些学习的机会。毫无疑问，每个人都会犯错，而这个世界上的人分为两类：一类是苛求自己却继续犯下错误的人，另一类是能从错误中吸取教训并继续前进的人。因此，真正的问题不在于你是否犯了错误，而在于你是否能从中吸取教训。

请记住，走出舒适区是一段旅程，一路上，你会发现许多自己身上的新事物：新天赋、新优势、新弱点。你也会以全新的、惊人的方式了解自己。

我在三十多岁的时候回到学校攻读硕士学位，然后又攻读博士学位，那时的我有着三个年幼的孩子和一份全职工作。我在四十多岁时成了一名演说家。曾经的我甚至不知道我有多喜欢在那么多观众面前讲话，也不知道自己站在舞台上时有多如鱼得水。通往这一切的路走起来舒适吗？绝对不舒适。它值得走吗？绝对值得。它让你也能像我一样，发现自己身上那些新的、令人惊奇的东西。

自动驾驶带来的舒适性陷阱是你
需要避免陷入的。

第三章

受够了被困和挫败的感觉

我们之前讨论过被困的情形是什么样的：就像你站在电梯前，不断地按按钮，期待电梯门会打开，即使完全无济于事，你也仍然在重复这么做。

我们也讨论了你为什么会陷入困境：你的大脑不想做出改变，这会让它消耗更多的能量，也意味着它必须开辟新的神经通路，而它宁愿坚持多年来形成的习惯。

随着被困而来的挫败感是可怕的，比如感觉被困在错误的工作里、错误的关系里、不良的行为模式里，又或者感觉自己无法改变现状、让生活得到改善，这些被困的情形都会带来挫败感。好消息是，不管大脑是否愿意，挫败感确实可以激励你做出改变。

现在是时候告别被困和挫败了，是时候抓住你的船舵，开始驶向一条新航线了，那是一条会给你带来幸福、满足你的需求的航线。而规划新航线，掌握自己的命运，无论什么时候开始，都来得及！

054 | 6% 俱乐部

第 1 节
生活改变的那一天

让我的生活发生改变的那一天，是像任何平凡的一天一样开始的。我是个在职妈妈，有年幼的孩子需要照顾。我很累，不喜欢自己的日常生活，也常常觉得很受挫，吃力不讨好。那是 2008 年 10 月 11 日，一个下雨、有风的星期六早上。我当时32 岁，觉得生活一团糟。那时，每周六早上 7 点，我和好友都会在孩子们醒来之前在星巴克会面。这一天，我告诉她我非常讨厌现在的工作和生活。

她看着我说："那就改变一下吧。去上学，改变你的职业道路。"

我忍住眼泪告诉她："真希望我可以，不过孩子们还小，他们需要我。亚当在创业，忙得回不了家。等将来有合适的时机，我会去改变的。"

她先是狠狠地瞪了我一眼，然后对我说了一段改变了我人生的话。她说："米歇尔，你还没弄明白，是吗？孩子们总会需要你，亚当也总在创业，你不会有时间的。你这周就去报名上课吧，下周六要告诉我你已经搞好了。"

　　我疑惑地看着她，这一点我从来没有想到过。原来一直以来，我都在等待一些永远不会发生的事情。

　　如果那天我没听她的话，没有重回学校学习，一直在等待"合适的时机"，我就不会成为今天的自己，更不会过上今天的生活。当然，你现在也读不到这本书。这一切都不会发生。

　　我有不这样做的理由吗？绝对有。我的孩子还小，我们家的经济入不敷出，没有足够的钱让我脱产求学，我还在全职工作……这重要吗？不，不重要。我已经下定决心要改变职业道路，改变命运，开始对自己的生活和未来负责。

第 2 节
你最强大的心态

如果我告诉你，你的生活掌握在你自己手中，你会告诉我："拜托，我早就听说过这个，我自己也明白。"

可是，你真的明白吗？

拥有负责心态是所有成功的基础，这意味着你不会再找借口，比如"我太忙了，没有时间、金钱、精力、精神空间"，诸如此类。

这意味着你不会再用任何外在的因素给自己找借口，比如来自配偶、孩子、父母、公司上级、通货膨胀、健身房会员费用等方面的压力，又比如你没能取得大学学位的现状，或你受困于现状的事实……

这意味着你对面前需要应对的任何情况都负有全部责任，并且你也意识到你的所作所为决定了自己的生活航程。还记得在上一章中，我们谈到你的生活是一艘船，而你需要站出来当船长吗？这就是我们要在这里继续谈论的。

拥有负责心态需要谦虚。你很容易就会妄自尊大，很容易自我说服：你是对的，你被冤枉了，是对方太坏，你才是所处环境的受害者、是容忍他们的英雄……这都很容易。只有谦虚能让你意识到自己的分量、意识到需要解决的问题是什么，并停止为自己找借口。

这便是真相：借口会阻止你做出改变。归根结底，谁对谁错并不重要，重要的是你是否愿意对自己的生活负责，让它变得更好。

"不是我的错""不是我的问题""他有问题""他有毒"等，都是不肯挺身而出、不肯承担责任、不肯掌控自己生活的人唾手可得的借口。这些话一旦从你嘴里说出，就意味着你在放弃自己对生活和现状的控制力。虽然短期内，特别是当真的出了什么问题时，借口会让你感觉好一点，但从长远来看，借口也会阻止你按照自己选择的方式生活。请让我解释一下我的意思。

"有毒的人"范式

你可能听说过"有毒的人"这个术语，它在社交媒体上随处可见。你也很可能至少有一次在生活中给某个人贴上过"有毒"的标签。我一直在思考一个问题：这个术语到底是什么意思？真的有一群人从出生起就"有毒"吗？医院里有没有专门的科室，负责照顾刚出生的"毒宝宝"，护士们会相视一笑，惊叹道："你看，一个小'毒宝宝'出生了。他是不是很可爱呀？"

是有一群人天生就"有毒"，还是给某人贴上"有毒"的标签，是一种非常聪明的为自己开脱的方式？你看，如果某人"有毒"，你就不必承担任何责任了：因为某人"有毒"，所以你做什么也没用，你什么也做不了。你脱身了。你不需要做任何事情。

让我来告诉你一个事实：这世上没有"有毒的人"。虽然"有毒"的关系绝对存在，"有毒"的互动也肯定有，但是，对你"有毒"的东西对别人来说可能根本没有"毒"。因此，这里"有毒"的是什么？是这个人本身，还是你和他们的关系？

事情是这样的："有毒"的是你与某个人的关系，而不是这个人。"有毒"的是你们互动的方式，你们刺激对方情绪的方式，他们对你说的话，还有你们对此做出的反应。尽管如此，在每一段关系中，在你与另一个人的每一次互动中，你都占了 50% 的份额，也就是说，你对这段关系有 50% 的控制权。因此，你既可以设定边界，保持坚定，可以不理睬对方，也可以做出许多不同的选择，而这些选择都掌握在你手中。你从来不是无能为力的，总有些事情是你能做的，而做出改变现状的选择总比逃避责任，只是在原地抱怨要好得多。

过度诊断的泛滥

你有没有听说过有人给别人贴上"躁郁症"或"自恋"的标签？社交媒体为人们带来了这些逃避责任的新方式。毕竟，如果对方有了某种"情况"，问题就是他们的了，而现在这些问题甚至有了名字。现实中，没有心理学背景、没有诊断工具或培训经历的人，会冒昧地用他们不完全理解的、在网上或社交媒体上看到的术语来诊断或标记其他人，或给其他人贴标签——称对方有躁郁症、自恋或反社会人格，这已形成了一种流行趋势。

出于同样的原因，人们也会使用相同的方式来逃避自己的责任，比如声称自己患有多动症、创伤后应激障碍等，而实际上他们并没有被确诊或根本不知道这些疾病的诊断标准。人们在使用这些术语的时候不受任何限制。有一本很厚的书叫做《精神疾病诊断和统计手册》，书中对每种精神疾病都有非常具体、明确的定义。治疗师要经过多年的培训，才能取得诊断这些疾病的执照。无论是对自己还是他人，精神疾病的诊断都不是你或他人通过在网上查找出来的皮毛知识就能做出的。

此外，无论你认为自己或别人有什么精神疾病，这永远都不是你做出不良行为、缺乏责任感，以及蓄意破坏自己或他人生活的借口。即使对于那些确实被诊断出患有这些精神疾病的人，也有一些方式，可以帮助他们治疗这些疾病。因此，无论是不是真的患有精神疾病，你仍然应该有问责心态。你要避免过度诊断的陷阱，既不要诊断自己，也不要诊断他人和给他人贴标签。

认知偏见的透镜

有件事你不仅应该知道，而且很重要：大脑正在你认知自己和他人的方式上捉弄你，它这样做只是为了让你不停地重复做同样的事，从而节省能量，而不是让你改变自己做事的方式，因为后者对大脑来说成本要高得多。

科学家们已经知道，大脑有 180 多种捉弄你的方式，这些方式被称为认知偏见，要把它们都说全的话需要写好几大本书。为了让你了解认知偏见在多大程度上遮蔽了你的双眼、扰乱了你的行为，并危及你的未来和成功，请允许我分享以下三种常见的认知偏见。

验证鸿沟 验证鸿沟意味着你倾向于注意、关注和强调符合你现有信念的信息，而任何不符合你现有信念的信息都会被你屏蔽掉。换句话说，你喜欢听到别人说认可你的话，你更喜欢和与你持有相同观点的人交谈。

由此，你为自己创造了一个隔绝异见的"泡泡"，并快乐地生活在其中：你只与那些与你有相同观点与认知的人交谈，因此，你往往完全不了解"泡泡"之外的人，也不知道有多少人持有与你不同的观点。如果你一直处于"泡泡"中，你就会认为每个人的想法都和你一样，因为你只与这样的人互动，或者以某种方式错过或忽略那些与你意见不一致的人。这还可能让你产生另一种倾向，就是诋毁任何与你持有不同意见的人。

每个人都想让别人喜欢自己，也都希望自己能被别人赞同。人以群分是有原因的。然而，如果你只听你想听的话，或只与赞同你的人交谈，那么改变是不会发生的。一个人的改变往往来自其原有的观点受到了挑战，比如听到了不同的观点，或见识了不同的做事方式。故而，一个与你意见不一致的人，可能正是你生活中需要的人，因为当你站在那里一遍遍按电梯按钮的时候，他就能提醒你。

要当心那些总是赞同你的人——他们是你生命中最危险的人。要珍惜敢于与你意见相左的人，虽然你可能不同意他们所说的98%的内容，这是完全合理的，但是，他们说的另外2%的内容会让你睁开眼睛，了解到看待事物、做事和对自己负责的新方式。即使这些话不中听，你也承担不起失去这些逆耳忠言的代价。

信息鸿沟 你是否曾经坚称，你确切地知道某人为什么会做某事，而实际上你除了自己的假设之外，没有任何证据？我敢打赌你这么做过，因为每个人都这样做过。你虽然对别人一无所知，但对自己了解很多。所以，大脑为了弥补你知识的缺口，会编造一些东西。

当你看到别人的行为，并且不明白他们为什么要这么做，或者为什么不那么做时，你的大脑就会讨厌这种不确定性。例如，当有人在你对他们说"早上好"时，没有对你回应"早上好"，大脑会立即得出结论："他生我的气了""他很粗鲁""真是个势利小人"，或者其他十几种可能。大脑想知道那个人为什么做或不做某事，为此，它会想出一些原因，不过这些原因都是你在脑海中编造出来的。

事实上，你并不知道那个人为什么没有对你说"早上好"。他这么做的原因可能与你无关。他可能一时分心了，或者没有看到你，想到了别的事情，甚至可能是因为他说话声音太小了，你才没有听见……你看？我们仍在努力找出那个人没有说"早上好"的原因！

你会在脑海中编造一个完整的关于那个人的故事，还有他为什么做那些事，只要这一切都仅仅存在于你的脑海中，那么就无伤大雅，甚至根本没人知道。

可怕的是，实际上，你会在现实生活中根据自己编造的关于对方的故事做出一些决策。你可能会和某人谈论那个人，可能会想回击他、让他失败，也可能会给他写一封你一开始就不应该写的电子邮件……

自从意识到这一点，我开始发现，自己每天都会好几次不由自主地编造关于其他人的故事，揣测对方在某件事上为什么要那么做。为了遏制这种想法，降低自己编造关于其他人的故事，以及揣测对方为什么要这样做的频率，我开始问自己一个非常简单的问题："我如何才能知道别人在想什么？"

对于这个问题，唯一合理的回答是什么？"我不知道。"

你不知道别人在想什么。除非你问他，否则你根本不会知道他为什么做或者不做某件事。你不知道他关注的是什么，在处理什么事。你要使用大脑日常消耗的那20%的能量以外的脑力，去弄明白到底发生了什么，而不是直接得出结论。虽然这并非你大脑的直接默认选择，但是，这是你可以有意识地做出的选择，而且是值得你去做的选择。

消极偏见 大脑对消极的东西是非常敏感的，这是一种远古时代的遗留：当时的世界危机四伏，人类每天为了生存而不得不竭尽全力。因此，我们的大脑更容易受到消极内容的影响。负面的、戏剧性的新闻会吸引更多的关注，社交媒体之所以偏爱负面的戏剧性内容，是因为人们会对这些内容更多地进行回应和互动。虽然现在的世界仍然危机四伏，但生存危险已经不会每天都有了。不过，你的大脑仍然在以远古时代的方式工作着，它对消极内容做出反应的速度比对积极内容的要快得多。

三次积极的经历才能抵消一次消极的经历带来的感受，这适用于发生在你身上的事情、人们对你说的话，以及你告诉自己的事情。对于每次负面经历，需要三次正面经历才能实现"收支平衡"，这就是为什么大脑沉迷于你有过的糟糕经历，或者你搞砸事情的方式，还有别人搞砸事情或伤害你的方式，而不是他们做的好事。人们往往愿意因为一个错误而将一个人钉在耻辱柱上，却忽略了这个人所做的许多积极的事情。

留意大脑放不下和夸大消极因素的倾向，有助于你抵消这种过于严厉地评判自己或他人的倾向。你也可以通过心存感激来抵消这种消极偏见。每天晚上睡觉前，你可以看看自己的手和五个手指头，数一数白天发生过的五件好事，或你一生中都会心存感激的五件事。

每晚掰着指头列举五件积极的事，能让你克服消极偏见，训练你的大脑专注于积极因素，并有助于你完成一些对你的成功来说至关重要的任务：

■ 假如你见证并认可人们正在做的好事，他们会更有动力来支持你，为你付出额外的努力。毕竟，谁愿意为一个总是抱怨你做错事的人加倍努力呢？

■ 你对自己的未来的看法会更加积极，对自己可以做出的改变更加乐观，这将使你的事业、生活、健康、财务、幸福和信心更上一层楼。

■ 额外奖励：身心健康。如果你训练大脑更积极地思考，你就能更好地应对压力，拥有更强的免疫系统，并且你过早死亡的概率会变得更低。我必须说，这很重要。你难道不这么认为吗？

第 3 节
请停止等待合适的时机

简单地说，无论你想做什么——换职业、变得更健康、创业、扩大业务规模、生孩子、重返学校、采取或大或小的行动——都永远不会有"合适的时机"。永远。因为你总能找到不去行动的理由。

回想起来，我可以告诉你，对于我一生中所做的一切决策，我其实都有很多不去做的理由：我生我的哪个孩子的时候都不是最佳时机——谢天谢地，我能够拥有他们三个；当时不是嫁给亚当的合适时机——而嫁给他是我做过的最好的决策；32 岁不是带着年幼的孩子和一份全职工作重返学校的合适时机——如果没有这样做，我就不会成为今天的我。

此时，我正坐着写这本书，而这绝对不是写书的最佳时机！我每周都会在好几个活动中发言；我不是在坐飞机，就是在去坐飞机的路上。现在是凌晨4点，我的德国牧羊犬凯西把我叫醒了，因为它感觉不舒服。我的斗牛犬科迪醒了，嗥叫着让我过来帮它。它们俩现在都在我身边睡着了，而我正坐在这里写作。

我累吗？绝对累。

现在是合适的时机吗？现在的时机是比以往任何时候都合适的时机吗？从来都不是。

虽然那么多人都说，他们"等时间合适"就会去做某些事。但是，如果永远都没有合适的时间，那么，你还等什么呢？

设定目标和对自己做出承诺很容易，要反悔也很容易。世界会把一些东西抛给你：人际关系问题、金钱问题、职业问题，应有尽有。"我必须选择合适的时机。"这么想很好，只是"合适的时机"并不存在。

你知道什么时候是合适的开始时间吗？就是现在。别再等待了。

第 4 节
内心的声音很重要

你整天在内心自言自语，却认为内心的声音无关紧要，因为没有人能听到它。事实上，并非如此。恰恰相反，内心的声音重要，而且不是一般的重要。虽然涉及你的成功的时候，我们将把你与他人的关系作为其中的一部分来谈，但是，我想让你知道的是——比其他任何关系都重要的，能够帮助你进入 6% 俱乐部的关系，就是你与自己的关系，你对自己说的话则决定了这种关系。或许你认为对自己说的话无关紧要，因为除了你自己，没有人可以听到它们。然而正是因为只有你能听见这些话，它们对你才有重大的意义。

一天中，每个人的脑海中都会多次闪过内心独白，这些独白包括你与自己的无声对话：担忧、打算和念头。这就是你在脑海中叙述自己的现实生活的方式；这就是你给你生命中的事件赋予意义的方式。

你以为没人能听到它们，可在这世界上，对你来说最重要的那个人一直都可以听到它们，那个人就是你自己。

内心独白有五种不同类型：

内心的话语

你把你的想法用文字叙述出来，也就是字面意义地在脑海中自言自语，或者在脑海中与他人进行对话。

内心的图像

你在脑海中看到你的想法和经历以画面的形式浮现。

内心的情感

你感到的快乐、沮丧、焦虑等感情。

感官意识

你感觉到冰冷的地板、温暖的风；你听到鸟儿在啁啾。

思想意识

虽然你知道自己在想些什么，但你心中没有关于它的文字或画面。

你内心的声音不仅反映了你对自己的看法，也反映了你对世界的看法。它在以下几个方面对你产生着巨大影响：

- 自尊心
- 自信心
- 决策
- 解决问题的方式

■ 修正错误的方式

■ 管理人际关系的方式

最最重要的是，人们犯的最大错误——也是我希望你不惜一切代价避免的错误——是假设他们内心的声音是无法改变的，他们对此束手无策。你可以改变它，不过，这需要你付出努力。这种内心的声音是历经多年才形成的，因此，要改变它需要花些时间。

要记住，你的大脑天生会更关注消极的事情，请你开始关注自己消极的想法。关注你内心的声音：它们中有多少是关于自我否定的？又有多少关于恐惧、担忧或怀疑？你要做的第一步，就是有意识地专注于你在脑海中对自己说的话。

一旦你学会了关注内心的声音，当它给你带来消极的影响、不快乐或一连串的负面想法时，就是你对它展开反击的时候了。每当大脑给你一个消极的念头，你就要用三个积极的念头来反击它！

如果你的大脑说你做不到某事，你就要告诉自己三个为什么你能做到这件事，并且正在做这件事的原因。如果你的大脑让你想起了一次失败，你就要提醒自己在其他事情上的三次成功。不要害怕把事情具体化，当你想起这些成功的经历时，不仅要想起发生了什么，还要想起你对它的感觉，你当时穿了什么，你所在的房间看起来或者闻起来是什么样子……要为大脑提供足够的感官信息来锚定这些成功的经历。假如你的大脑开始对负面图像进行反击，请你从自己的记忆中找出正面图像供应给它，或者从手机上调出可以用来抵消负面图像的影像。

只要你多试几次，该过程就会变得更快、更容易，这就是你训练大脑在面临决策或困境时，寻找积极的解决方案和场景的方法。我们的目标是培养一种内在的声音，让它可以提振、激发和鼓励你。不要再霸凌你自己了。要做自己最好的朋友！像和你最好的朋友说话一样自言自语，要让自己振作起来。

第 5 节
如何战胜自我怀疑

我想和你谈谈自我怀疑：它为什么会发生？如何阻止它挡你的道？一旦你质疑自己和自己的能力，自我怀疑就会发生；倘若你对自己做的事没把握或没信心，自我怀疑也会发生——它会让你觉得自己还不够好。

以下是你产生自我怀疑的三个最为常见的原因。

过往经历

过往经历会对你的反应方式产生巨大影响，特别是当你以前有过很不好的经历时，比如你曾遭受过虐待，或者你曾因为莫须有的原因被解雇……在这些情况下，你的心理可能会受到巨大打击。

这样的过往经历会动摇和削弱你对自己的信念，还有你做大事的能力。

成长经历

成长经历在塑造你对自己，和自己能做什么的看法方面起着重要作用。如果父母经常说你不够好，或者老师们不相信你，自我怀疑就会成为你对自己和自己能力的看法的一部分。你需要打破这种状况。

与周围其他人的比较

将自己与别人比较是再正常不过的了。人类是群居动物，历史上，我们的祖先总是为了生存而群居，将自己与他人比较是这种进化趋势的一部分。这种做法促使你检查自己在群体中的位置，还有你是否需要做出改变来确保群体能接受你，以及让你保持在群体中的地位。如今，社交媒体将这种趋势提升到了一个全新的水平。

大多数在社交媒体上发帖子的人，都在展示自己生活中最好的一面。你不知道他们在其展示的猫咪图片、每日晒娃视频以及上次度假的照片背后，又经历着什么样的痛苦。然而他们展示出来的内容仍然会让你心中警铃大作，你仍然会将自己和他们进行对比。社交媒体上滤镜加工过的照片让很多人觉得自己相较之下没有吸引力，可这是因为他们在将自己与过度美化的东西进行比较。

你唯一的竞争对象就是你自己：你今天比昨天过得更好吗？这个月比上个月更接近你的目标了吗？你终于做出你在过去十年中一直想要去做的改变了吗？

许多人告诉我，他们或多或少都患有"冒名顶替综合征"。该综合征总与自我怀疑一同出现。这是一种让人感觉自己像个骗子，尽管已经取得了成功，心里依旧不够踏实的体验。"冒名顶替综合征"限制了你以有意义的方式展示自己或追求新机会的勇气。它使人们怀疑自己是否在工作、人际关系、友谊、为人父母乃至任何其他活动中"够格"或做得"足够好"，即使他们已经做得很出色了。

"冒名顶替综合征"是最暗藏杀机的自我破坏行为之一。为了增强信心，你需要取得成功。随着你取得的成功越来越多，你做的事越来越有成效，你成功克服的障碍也越来越多，你就越有信心再成功一次。然而，如果你低估了自己的成功，对自己声称"你的成功不真实""你不配拥有它""你没有理所当然地取得它"，你就是在阻碍自己建立信心，并下意识地贬低自己：你做得不够好。

这是怎么发生的？

让你患上"冒名顶替综合征"的一个原因是，你为自己设定了过高的期望。你可能已经为自己的成功设定了非常高的标准，认为任何没达到该标准的结果都是失败的。这可能会导致你一直感到自己不够好，即使你已经取得了重要的成就。对于没有达到自己的期望的恐惧，会让你觉得自己在欺骗别人，而别人最终会意识到你并不像他们想象的那么有能力。

此外，"冒名顶替综合征"可能是你过去经历的失败或批评催生的。如果你过去遇到过挫折或收到过负面反馈，你就可能会对再次遭遇这些经历产生恐惧。你可能认为，你所取得的任何成功都只是运气使然，最终都是会失败的。这些过往经历会强化你对自己的怀疑，从而进一步加重你的"冒名顶替综合征"。

"冒名顶替综合征"不利于你个人的发展。对失败或被定义为欺诈者的恐惧，不仅可能会阻止你冒险或追求新机会，还可能让你产生压力、焦虑和自我怀疑，而这必然会对你的心理健康和整体幸福感产生负面影响。

"冒名顶替综合征"是一种很常见的体验，而且你也不是唯一有这种感受的人，能意识到这一点很重要。许多成功人士，包括成就卓著的专业人士，同样在他们生命中的某个时刻经历过"冒名顶替综合征"。至关重要的是及早抵制你的消极想法，用你的成就和优势提醒自己。

当然，你和谁在一起也很重要。要确保身边有支持和鼓励你的人，他们可以帮助你收获对自己的积极认识，让你振作起来。请记住，你的成功靠的不是运气或蒙蔽他人，而是你自己的努力、技能和付出，而这些对你来说都尽在掌握。

你的很多精神能量都集中在别人如何看待你上，这些人包括父母、配偶，和你一起工作或生活的人。你会想：他们是怎么理解我的？对我的期望又是什么？

人们确实对你有期望。这没关系，人们对你有所期望是正常的。你真正应该好好考虑的问题是：要怎样去处理别人对你的期望，以及这将如何影响你的生活。以下几个原因可能导致你让别人对你的期望来主导自己的生活：

- 你不信任自己，总认为父母、朋友、同事比你还要了解你自己。
- 你害怕失败，如果失败了，你可以归咎于别人的期望。
- 你认为自己不擅长做决策，会把决策权留给别人。
- 你已经习惯了让别人为你做决策。

我想谈谈你对于寻求认可和表现友善的需求，因为只有把它们抛诸脑后，你才能真正掌控自己的生活、工作和未来。

试图取悦所有人的结果是，你最终取悦不了任何人——包括你自己。

为了克服自己取悦他人的冲动，你需要了解"内部验证"和"外部验证"之间的区别。内部验证是指，你只将自己与自己进行比较，这样你的情绪状态就取决于自己。外部验证是指，你将自己与他人进行比较，并且需要根据该比较的结果对自己进行验证，这样你就会害怕批评，渴望认可和赞美，从而不断地将自己与他人进行比较。

你还记得在上一章中我们讨论过，人们更可能坚持有内在动机（比如变得更健康）的目标吗？同样，你需要达到一种可以让自己获得内部验证的状态，因为这将有助于你坚持到底，并让你更加真实地了解自己是谁、想要什么，以及要去哪里。

你是自己生活的领导者，而领导者是不会去追求别人的认可的。如果他们确信自己做了正确的决策，就会敢于冒着被否决的风险率先提议。要畅所欲言，勇于冒险，告诉自己：率先做决策意味着你可以控制自己的生活；即使有人不喜欢这样，那也说明不了任何问题，只意味着你敢于去掌握自己的命运，并活出最好的人生。

■ 你准备好停止自我破坏并养成取胜的习惯了吗？

■ 你准备好遏制大脑让你在人际交往和自己的生活中犯同样错误的倾向了吗？

■ 你准备好做出让自己变得成功的决策，设定目标，而且真正坚持下去了吗？

如果你准备好了，就紧紧抓住时机，勇往直前吧！你已经掌握了对生活和未来的控制权，这将是一场了不起的旅程。

第 6 节
如何停止做一个老好人

　　"不"（no）是英语中最短的单词之一，然而也是最难说出口的单词之一。人们常犯的一个巨大错误，就是认为说"不"会让自己显得自私、粗鲁或不够友善。请你回想一下，在小时候，你曾经那么轻易地说过多少次"不"，而现在作为一个成年人，为什么说"不"对你反倒变得如此困难呢？

　　小时候，你很快就会学到，对父母或老师说"不"，意味着你会因为态度粗鲁而受到教训或惩罚。父母和老师往往喜欢那些乖巧、讨人喜欢的孩子，而他们真的会为那种倔犟、不听话，甚至与他们顶嘴的孩子而感到焦头烂额。我对此有切身体会：我便是那种总爱顶嘴的孩子，现在作为父母，我也有了个倔犟得好像名字里都要带个"不"字的孩子。虽然他现在成了学校辩论队的队长，但是当他为家里的每一件小事辩个没完时实在是让我发疯，就像小时候我周围的成年人对我的态度一样。

　　不幸的是，当儿时的我们通过顺从成年人成为"好孩子"之后，成年人的世界又要求我们明白如何了解和设立自己的边界，对许多成年人来说，说"不"仍然会让自己感到内疚、羞耻，还可能引发他们对孤独或被遗弃的恐惧。

如果你在说"不"和设定边界方面有困难，你就会因此付出非常大的代价。你最终会发现自己陷入了这种情况：你虽然有太多事情要做，但其中的大多数对你和你的生活没有什么真正的价值。换句话说，你因为不懂得说"不"，所以被困在对你的生活、工作和未来没有什么实际意义的琐事中，导致你没有足够的时间和精力去做重要的事情。这不仅会给你带来不必要的压力，还会浪费你的时间，让你的生活变得更加艰难。

你为什么要这样对待自己呢？原因如下：

■ 你想提供帮助。

■ 你害怕他人拒绝你。

■ 你对说"不"感到内疚。

■ 你累了，疲惫不堪。

虽然说"不"一开始会很难，但是，多说几次之后就会变得容易了。它会为你打开一个充满可能性的全新世界，让你可以将宝贵的时间和精力用于真正重要的事情上。

能够表现得果敢，意味着你在展现了为自己挺身而出的强大自信的同时，仍然尊重他人的权利。这也意味着你的表现既不被动，也不咄咄逼人。只有你足够冷静，能控制自己的情绪时，才能做到说话直接、真诚、清楚。

　　你还需要学会如何对自己的大脑说"不"。当大脑想让你保持旧的模式和习惯时，你要对它说"不"；当它想走现成的路时，你要对它说"不"；当大脑试图向你提供负面信息，或说你不会成功，又或者用可怕的画面轰炸你时，你要对它说"不"！此外，你还要对自己在生活中找借口和逃避责任的行为说"不"。要是能做到这一点，你就已经走上了成为 6% 俱乐部成员的道路了！

第 7 节
如何在不感到难过的情况下说"不"

设定边界，对某人说"不"而没有严重的内疚感，或者不会因为对一个总是索求你的注意、关注、时间甚至金钱的人设立边界而害怕会有什么后果，这种能力对你的未来和成功至关重要。说"不"是一项强大的技能，它有助于保护你最重要的资源。我知道这么做有多难：你害怕让别人失望或显得粗鲁——在内心深处，你会担心他们可能因为你说"不"而不喜欢你，不会与你一起工作，或者无法原谅你。虽然你知道自己需要说"不"，也知道自己需要设定这样的边界，但是在这方面也更容易让步。你会对自己说："也许没那么糟糕，也许我能做到。"

再回到原来的话题：你把自己的时间和精力拱手让人，不仅是因为害怕，还因为你会对说"不"产生一种不舒服的感觉。毕竟，如果你习惯于让步，大脑就会把你引到那个方向上去。然而，为了掌控自己的生活，你需要掌控自己的时间和精力。如果你一味地迎合别人的目标，你就很可能没有足够的时间和精力来专注于自己的目标。

下面是一份如何在不感到难过的情况下说"不"的快速指南。

清晰而直接

说"不"时不要转弯抹角,要直接说。不要因为害怕被别人听到你说"不"就使用含糊不清的词语,这会让人产生误解。与其说"我不确定我能不能",不如说"不,我现在不能承担更多了"——这样,他人就可以清楚地听懂你的意思了。

提供替代方案

对于那些虽然你不能说"是",但又想为对方提供帮助的情形,请你为对方提供其他的解决方案。例如,如果有人向你寻求帮助,你可以说:"我虽然做不到,但是我可以帮你联系一个可以做到的人。"

多用"我"字句,少用"你"字句

需要说"不"时,要通过专注于"我"字句,来避免让你说的话听起来像是在指责别人。与其说"你要求太多了",不如说"我需要专注于我目前的工作"。这样,你就可以在不发生冲突的情况下表达自己的需求。

练习积极倾听

你可以在设立边界并说"不"的同时仍然富有同情心。在不让步的前提下，你要了解他人的需求，并让他们知道你理解他们，这有助于维持积极的人际关系。例如，你可以说："虽然我知道你的事很重要，也完全理解，但是，我现在确实分身乏术。"

要坚定而执着

有些人可能会促使你改变主意，这时，你要保持坚定，冷静地重复你的决策。不要过度解释，只需说："虽然我很欣赏这一点，但我的答案仍然是'不'。"

不要急于承诺，三思而后行

在明确表态之前，要考虑你的优先事项：这个要求是否符合你的价值观？它是否促进了你的目标或改善了你的生活？要考虑你的工作量和幸福感。在承诺之前思考，有助于你做出正确的决策。

使用礼貌用语

即使说不，也要对他人表示礼貌和尊重。你可以对对方说一些积极的话，随后再坚定地拒绝。例如，你可说："谢谢你想起了我，可我现在不能承诺什么，感谢你的理解。"

记住，你这不是自私；你是在做正确的事

说"不"不一定是自私的表现：这是一种自我关怀，有助于你保护自己的时间和精力不被损耗。通过为自己的目标、需求和幸福留出空间，你正在做正确的事情——这是力量，而不是自私的标志。

请允许我强调这一点，因为我知道这是一种挑战。设定边界、把自己放在首位不仅没问题，还是你成功的关键。让我们深入了解一下其中的原因：当你设定了边界，你就像一个船长在为自己的船掌舵，你要决定自己能处理什么、不能处理什么，你可以确保你的时间和精力都花在了自己最需要的地方。

请你这样想：如果你没有任何边界地帮助他人，就像在你自己的船就快耗尽燃料时，还要将你所剩的燃料注入别人的船一样。当你设定了边界时，你就会说："嘿，我需要先确保我的船处于良好状态。"这不是自私，而是一种聪明的表现。

因此，通过把自己放在首位，你可以确保你有时间和精力来实现自己的目标。你就像一个园丁照料着自己的花园，只有让里面的果树苗壮成长，你才可以享受你的劳动果实。学会了设定边界，为自己考虑，你就是在为自己的幸福和成长投资——这不仅不会得罪他人，还是你通往成功的必经之路。

第 8 节
负责的心态

控制自己人生的船舵、设定自己生活的航向，是让你过上理想生活的正确方式。这是你的权利，也是你的义务。这个问题与你的教育背景、金钱、个性或环境无关，而是与你要怎么对自己负责、摆脱被动受害者模式，以及丢掉所有借口有关。

世界上有两种人：一种是在生活、工作等方面都能实现目标的人，另一种是善于为自己的失败找借口的人。

在我掌握了自己人生的船舵，不再向别人寻求指引或找借口后，我的生活便开始以崭新的、惊人的方式发生改变。我现在已经花了十多年的时间研究负责和承诺是什么，还有它们如何改变人们的生活。

这些事情并非关于你的意志力，而是关于你和你自己的关系。你不仅需要对自己和自己的目标做出承诺，还需要对自己负责。如果你做不到这一点，就不能说你很爱自己。

没错，我是这么说的。

大多数人认为，找借口和"保护自己"就是自爱，然而事实并非如此。自爱是勇敢地看待自己，把自己和自己的生活变得更好。如果一个人足够爱自己，就不会让自己陷在陈规陋习之中，不停地盲目按电梯按钮，让自己一直被困住。

爱自己足够让一个人发生改变。

大多数人在许下承诺和对此负责方面不堪一击——他们总是违背自己的承诺，并为此找借口。大多数人都害怕对自己负责，因为他们知道对自己负责意味着要有所作为。

世界上的其他人大可以去找借口，只有你不可以。一旦做出承诺，你就会形成一个与新目标一致的自我概念。你开始以你将要成为的人、你所做的承诺的标准来看待自己，然后改变你的行为，来与之保持一致。

奇迹就是这么发生的。你要让自己与你想要成为的人，还有你要做什么和拥有什么的目标保持一致。要做到这一点，你必须是自己人生的负责人、掌舵人。你人生的负责人不能是你的父母、老板、配偶、孩子，只能是你！

第二部分

做出改变的秘密

请停止激烈竞争。
暂停下来。
想一想。

第四章

如何设定目标

　　人们总是在开会。工作时，他们把很多时间花在无休止的会议上，讨论业务目标和规划。有些家庭中还有家庭会议。仔细想想，会议是经营任何组织的重要部分，任何组织的经营都离不开会议中的目标和规划。

　　现在，请你想想自己的情况。你是自己生活的管理者——同时身兼首席执行官、总裁、副总裁和辅助人员，你是所有这些身份的综合体。然而，你从未给你自己"开过会"。你极可能不会设定目标，就算你设定了目标，也没有像对待业务或工作目标一样认真。你可能在一次谈话中、一杯葡萄酒下肚后，或在做其他事的同时就定下了所谓的目标，而你并不会真的就这件事和自己"开会"，因为你太忙了。你知道人们什么时候会和自己"开会"吗？在接受心理治疗的时候。这是大多数人唯一的"与自己开会"的机会，也是他们唯一的倾听自己的内心，问自己重要的问题，进行自我审视的机会。而且，如果他们有一位真正的好治疗师,他们还要通过心理治疗学会对自己负责。这是心理治疗中最令人愉快和最重要的事情之一:你能够暂停下来,关注自己了。

第 1 节
暂停的力量

你有没有"暂停"过？我的意思是真的让自己停顿下来。我敢打赌，如果你仔细想想，就会意识到自己几乎没有停下来过。现代社会已经把生活的各个方面都变成了激烈的竞争。你忙着跑来跑去，试图做完所有的事情——工作、生活、家务、差事、与人打交道……如果你体察自己，就会发现，你上次停下来已经是很久以前的事了。

我说的"暂停"并不是说去度假也不是休息一天或休息一会儿。请不要误会我的意思，虽然这些都很重要，但都不是我想要表达的。

我说的是停下来进行思考，停下来和自己开个会。

你上次体察自己是什么时候？你需要停下来问自己的问题如下：

■　对你来说现在最重要的是什么？

■　你为自己设定了什么目标？

- 你还好吗？

- 你擅长什么？

- 哪些事情需要你格外注意？

- 哪些你一直拖延的事情该再拿起来了？

我的意思是，想想吧：你上一次问自己这些看似简单，实际上却很关键的问题是什么时候？这是你做出改变的第一步，而做出改变总共需要五个步骤：觉察、专注、支持、行动和成为。

觉察

在这一步，你可以停下来思考，体察自己，看看自己过得如何，需要做哪些事情，哪些是你可以获得成长的领域。要认真对待这一点：停下来思考是这五个步骤中的第一步，而有些人从未停下来思考过，因此他们也没有机会去觉察。除非学会停下来思考，对自己更有觉察，否则你是不可能加入 6% 俱乐部的。那么，你该怎么做呢？你需要远离尘嚣，住在僻静的山上，每天独自一人冥思苦想吗？大可不必。

你既可以冥想，也可以做一些别的能让你平静下来，有空间去思考的事，只要对你有用就行。要让自己有时间和空间去思考，进行自我体察，弄清楚该把你的时间和精力用在哪里，还有你打算用它们来做什么。

抽出时间。你要像对待其他任何重要会议一样来对待这件事。要留出一大块时间，至少留出几个小时，这样你就不会感到匆忙，可以深入下来，诚实地对待自己。如此，你才能进行真正的思考。也要留意自己的感受：在早上、下午、晚上这几个时段，你什么时候表现得最好？你计划这件事的时候也要把这一点考虑进去。毕竟，这是你一生中最重要的会议之一，你得全力以赴。

确保自己不会受到干扰。请你把这件事记录到你的日历上，然后把你的手机设定为"请勿打扰"模式。提前安排好这段时间的事情，好让同事、家人和其他人在这段时间不要来找你。

选择一个可以集中注意力的地方。请你选择一个让你感觉舒服，但不容易被人、动物或你的待办事项清单上的事情分心的地方来做这件事。

我可以和你分享我是如何"暂停"的：我的"暂停"方式是步行。在我不出差时（这样的时候很少，因为我大部分时间几乎是住在飞机上），每天早上，我都会步行 75 分钟。我步行的时候甚至不听音乐，因为我需要安静。我会思考，进行自我体察，并多次在手机上做笔记。当回到家时，我的头脑就会变得格外清醒，让我能把一天的工作安排得井井有条。在这段时间中，我不仅做出过一些重要决策，还得出了一些突破性见解。这段"暂停"的时间对我来说非常宝贵。

还有一段时间，我经常通过游泳让自己"暂停"。呼吸的节奏和划水的动作有助于我停下来，进行思考和自我体察。虽然游泳时我做不了笔记，但是这样做确实有效。

准备好做笔记。你要准备好做笔记，无论你喜欢用笔和纸写下来这种老办法，还是想对着手机口述。你之后一定会想要回顾这些笔记，以提醒自己"暂停"时想出了什么。

要完全诚实地对待自己。不要对自己使用含糊不清的词语。例如，当你问自己是否快乐时，你的答案应该是明确的，而不是"我猜""差不多快乐吧"或"我没事"。没有其他人需要看到这些答案，这是给你自己准备的，你对自己越诚实，就越能帮助自己前进，进而让你过上你想要和应得的生活。

你可以使用本节开头的问题作为起点，但不要害怕进一步深入。如果你发现自己在生活中的某些领域做得非常出色，那就太好了！请你记下这些成就，还有你具体是怎么做得这么出色的，这样你就可以在这个领域继续努力，并在其他地方触类旁通。而在那些可以改进的领域，你要具体说明需要改进的地方和原因。

专注

你要有意识地专注于你想实现的事，和你怎么去做才能让它真的实现。仅仅意识到你想要或需要在生活的各种领域做出改变还不够，你必须做好准备，真正全神贯注，想尽一切办法促成你想要的生活的到来。这需要你制定一套周密的计划，以及在日常生活中保持更深层次的正念①，也意味着你将与你的大脑，还有它让你处于自动驾驶模式，从而尽可能少地耗费能量的渴望做斗争。我们将在本书的后续章节中深入讨论如何实现这一目标。

支持

你要准备好你的"支持系统"，因为你不可能光靠自己去实现目标。不过，这部分可能会有点棘手：正如你或许已经发现的那样，即使你想做出改变，也不是每个人都会支持你。有些人会担心你的改变会影响到他们，有些人则会心生嫉妒，还有一些人见到你正在做出改变时会感到有压力，因为他们会觉得自己也得跟着做。

---

① 这一概念源自佛教禅修，后发展为心理学中的概念，指将注意力指向当下目标而产生的意识状况，且不加评判地接纳此时此刻的各种经历或体验。——译注

与支持你，并理解你为什么要改善自己生活的人在一起很重要。请你环顾你认识的人：谁在率先活出最好的样子？谁每天都努力在某些领域提升自己？谁总是能说出一句鼓舞人心的话？你要与这样的人培养关系，与他们分享你的旅程，请他们不仅要鼓励你，还要督促你承担起相应的责任。

行动

到这一步，你就要根据计划采取行动了，因为光有计划是不够的。你不必一次完成所有事情，只要朝着你的目标采取小的、渐进的步骤就可以。事实上，如果你这样做，那么你反而更容易在实现目标的过程中取得进展，并且不容易感到气馁。正如哲学家老子所说："千里之行，始于足下。"生活中任何值得做的事情都是如此。虽然从小事做起是可以的，但是你必须开始做才行。

请记住，永远不要有等待所谓"正确"时机的念头——你永远不会拥有你想做的任何事情的完美条件。不管你遇到什么阻碍，都要着手行动——要挺身而出，采取行动。

成为

这是改变的终极形式。在这第五个，也是最后一个步骤中，这个新的习惯已经成为你做事方式的一部分——你处于自动驾驶模式时，它是你自动驾驶模式的一部分，它是你日常生活的一部分，是你之所以是你的一部分，它已经完全融入了你的生活。

当然，一旦到了这个阶段，你就可以从头再开始了：现在你已经实现了一个目标，那么新的目标是什么？改善生活的循环是永不停歇的。

第 2 节
目标设定中最常见的错误

我在 2023 年 1 月初对 1000 人进行调查时，发现他们都觉得自己设定了一个目标——毕竟，当时正值新年伊始，他们已经下定决心在新的一年做出改变——还有什么是比这更令人兴奋的吗？

可惜，他们中有 94% 的人不知道接下来该怎么做。到了 2 月，他们的决心就逐渐消失了。

问题其实很简单：还记得本书上一部分中提到，当你做出任何改变时，都是在与自己的大脑作对吗？你已经了解到，大脑光是为了维持生存，只做那些你已经会做的事，都要消耗你全身 20% 的能量。因此，每当你要求大脑做一些与平时不同的事情，比如养成新的习惯、对情况做出新的反应、培养新的心态时，你就是在与自己的大脑作对。你的大脑只希望你重复旧习惯、旧的做事方式，因为与养成新习惯，或采取新的做事方式相比，这样做对大脑来说成本更低。

现在，请你把大脑想象成一个卡通人物，假设它可以和你对话。如果你承诺要达到的目标模糊得足够让大脑劝你放弃，它就会让你放弃这个目标。

如果你说："我想减肥。"你的大脑就会说："你认为你会减掉多少体重？还有，你该如何减肥？我的意思是，虽然你以前尝试过减肥，但失败了，那么你为什么要让自己再次经受这种挫败感呢？"

你可能会反驳它说："我可以锻炼。"对此，大脑的反应是什么？"你没有时间去健身房，家里也没有设备，或者至少没有你想用的设备。解决这个问题太难了。"

对于你想要去实现的每一个目标或决心，大脑都有一个借口来让你放弃，或者通过装傻来逃避它。它会用以下想法来反驳你：

- "你说的多吃蔬菜是什么意思？我的烤土豆汤里不是有葱花吗，这也算蔬菜了。"
- "你想对人有多大的耐心？不一定要对每一个人，对吗？"
- "你的意思是想存钱？瞧瞧，地上有一枚硬币。我们已经存到钱了。"
- "玩社交媒体就是花时间与其他人在一起啊。"
- "你不能要求晋升，晋升意味着肩负更多的责任，你根本没有时间和精力去承担更多的事情。"
- "你知道的，问题并不全出在你身上。如果你兄弟有

兴趣和解，他可以打电话给你。为什么要你来迈出第
一步？"

- ■ "你现在还没条件拿学位。你没有钱，更不用说拿学位
需要花费多少时间了。"

- ■ "我不知道这个目标意味着什么，也不知道你该怎么做
才能实现它。我们还是回到老路上吧，这很好，也很安
全，让人感觉很舒服。我们俩都会感觉好些。"

是的，你的大脑里装满了借口，因此你需要做好准备。模
糊是成功的敌人，是泼在良好意愿上的冷水。这就是为什么你会
在事情还没完成时，就放弃了目标，让你的雄心壮志只是心中的
雄心壮志，无论你再怎么渴望，它也无法成真。大脑只会试图让
你停留在原来的模式中。你还记得大脑想要和你达成的那笔交易
吗？你的大脑会让你在不知不觉中重复同样的事情，做出同样的
选择，只是为了让它自己节省能量——这就是为什么 94% 的人
会签下这笔交易，从而继续留在原地，空想着他们想要的东西，
空谈着他们会去做，而从来没有真正贯彻到底的原因。

既然你已经停下来反思，那么现在就是你阅读这笔交易的
细则的机会了。这是你告诫自己的机会："我不会签这个协议的。
它对我根本没有好处。"今天，你要和大脑签署一份新的协议，
让我告诉你该怎么签。

第 3 节
这就是你设定目标的方式

有许多人很快就会告诉你如何设定目标，这是有一套系统的：例如，许多人都熟悉 SMART[①] 目标设定法。我并不是认为这个方式不好，只是我从来没见过有人真的坐下来，下定决心改变他们工作或生活中的某些东西，然后开始试图通过想起 SMART 中每个字母代表什么来设定目标。虽然在团队会议中，抑或是制作演示文稿时，会有人这么做，但是，我从来没听说过有人在想要变得更健康、更加合理地理财、修复他们的人际关系或从事商业活动时将其用作工具。

我喜欢简单的东西，越简单越好。因此，下面所说的就是你如何简单设定一个目标的方式。

要超级具体。你要非常详细地了解你决定改变的事情的内容。任何微小的模糊，都会为大脑把你打回原形留下余地。

---

① SMART 是 Specific（具体的）、Measurable（可衡量的）、Achievable（可实现的）、Relevant（相关的）、Time-Bound（有时限的）首字母的缩写。——译注

将其按重要性分为 0—10 级。请你以 0—10 量表系统决定这个目标对你现在的生活有多重要：0 意味着你根本不关心它，甚至不知道自己为什么要关注它；10 则意味着你对此充满热情，它是你现在的首要任务。

选择三件要用不同的方式来做的具体的事。现在，你要把你的计划变得非常详细，并明确指出三件在接下来的 30 天内，你打算用不同的方式来做的事，来确保计划能得到真正实施。

在我举办的活动中，我鼓励人们认真、具体地设定他们的目标。我还邀请了几个人在小组中分享他们如何超级具体地明确自己的目标、把他们的目标列为量表系统中的第几级，以及为了完成该目标，他们在接下来的 30 天内打算做的三件事。

例如，莎莉的目标是坚持 30 天晨练。当人们鼓励她详细说明时，她解释说，她每天早上都会去健身房，隔日交替使用踏步机和做负重训练 30 分钟，从 6 点到 6 点半，持续 30 天——她会在手机上设定闹钟进行提醒，从明天开始严格执行。你注意到她的目标有多具体了吗？她没有给自己的大脑逃避的机会，告诉它她不知道自己想要什么，或者应该做什么。然后，她把这个目标的重要性列为 10 级，因为这对她来说非常重要。

她为了确保计划落实要做的三件事是什么？首先，每天晚上她都会把装有运动服、鞋子和水瓶的健身包放在床边，这样，她早上一起床，就可以直接带上包出发了，此举消除了她因找东西导致时间不够用的可能性。她要做的第二件事是每天晚上提前一个小时上床睡觉，这样她就不会为了实现这个新目标而减少睡眠。她要做的第三件事是用闹钟而不是手机叫醒自己，这样她就不会在应该起床运动的时候，被看新闻、社交媒体、电子邮件或其他任何别的事情耽误时间了。

莎莉不仅做了计划，而且还明确了计划的具体细节、确保完成计划的做法，以及计划对她有多重要。假如你想为自己的成功做好准备，这就是你设定目标的方式。

再例如，戴夫想改善他与三个成年女儿的关系。这个目标虽然令人钦佩，但是，其中也给大脑留下了太多的回旋余地。大脑会问："怎么做呢？从哪一点开始做起？"这时，戴夫就需要细化他的计划了。

首先，他把目标具体化了。他决定，在接下来30天的时间里，每隔一天晚上7点，他都会给每个女儿打电话，和她们在晚饭后聊上15分钟。这个计划很具体。

其次，他将这个目标的重要性列为14级，因为他说10级不足以描述他对与女儿改善关系的强烈渴望。

再次，他需要找到三件要用不同的方式来做的事。他选择在晚餐时间关掉电视，这样他就不会在晚餐后忍不住想接着看电视。他还在手机上设定了一个闹钟，提醒他什么时候该吃完晚饭，并给大女儿打电话了。

最后，由于晚餐时间不再看电视，他就可以用这段时间想出他想问每个女儿的问题，具体到她们生活中发生的事情，这样他就可以认真倾听她们，让她们聊聊她们正在做的事，并适时给予有益的建议。

戴夫很认真地想成为女儿们生活中更积极的一部分。他不只是为此设立了一个模糊的目标，而是制订了一个计划，从而成功增进了自己与女儿们的关系。

克丽丝滕的目标是攒够一笔救急款。同样，这是一个令人钦佩的目标，然而，如果没有实现它的具体规划，这个目标就没什么意义了。她决定通过分析自己钱的去向，找出自己多花钱或者说浪费钱的地方，并不再在这些地方花额外的钱，来每个月省出200美元。她将这个目标列为她生活中的9级优先事项。她选择做的三件事很有趣：首先，她使用金融机构提供的应用程序，来精确发现自己每月的定期付费会员支出，并对此进行了记录。通过这种方式，她立即摆脱了她几乎不或从未使用过的三种定期付费服务。其次，她给自己设定了一个闹钟，每天晚上睡觉前都要检查自己的支出，并将其记录在电子表格中。第三，每周日晚上她都会认真回顾一周的支出，确定她可以做出改变的地方。之后，她联系我时说，虽然她知道放弃每天早上喝咖啡的习惯是明智之举，但对她来说，还是每周三天自己带午餐会更容易，这样也能大大减少她的支出。她最终实现了自己的目标，即每月省下 200 美元，并将其存入银行账户里。

　　这三个人都成功地完成了他们打算做的事情，养成了新的习惯，而且，还顺便改变了自己的生活。他们都成功加入了 6%俱乐部。他们对自己的目标进行了明确设定，这使得他们可以专注于对自己来说非常重要的事情，并为接下来的 30 天该做什么制订了详细的计划。

第 4 节
做出真正、持久改变的秘诀

你现在发现改变的秘诀是什么了。虽然它并不是进入 6% 俱乐部的全部条件——本书的每一个部分对此都至关重要——但是，这个秘诀是你应该关注的东西。它不复杂，也不令人畏惧。它绝对是你可以做到的。当你承诺做出改变时，你的计划越具体，就越能详细地表现出来：你到底想要什么、你有多想要它，以及你到底要以不同的方式去做什么事，才能确保这个目标在未来 30 天内实现。这样，你实施这个计划的时候就会越成功！换句话说，"我想回到学校"和"在接下来的 30 天内，我要申请工商管理课程，这件事对我的重要性是 10 级，为此我将利用周末考察在我所在地的大学或线上的大学招生项目，将它们在时间、成本、声望，以及课程的广度和深度方面进行比较，还将选择我最想选的前三个项目，看看入学要求是什么，然后我会准备我的申请材料，在 30 天内的每个周末都准备一份并寄给学校，报名参加我需要参加的任何入学考试，准备我在校期间的成绩单，收集我需要的任何推荐信——我将在本月的最后一天完成所有这些工作"这两种说法是有很大区别的。

你把计划做得越具体，越能明确你想做的是什么，还有你将如何确保你定下的目标在接下来的 30 天内会完成。这样一来，你就能抑制你的大脑让你重复做同样事情的倾向。你是在向自己的大脑发出信号，表明你是认真的，这对你来说真的很重要，你会让这个目标实现！

在做计划时，你要利用好电子产品。如果你下定决心要做某事，你就要非常具体和详细地规划，在接下来的 30 天内，你到底要在什么地方做出改变，来实现你的目标。而科技手段可以通过提醒来帮你坚持。

一位参加会议的人告诉我，她计划多吃水果和蔬菜。她说："显然，人们都会做这种事，而我只是还没有去做，因此我需要开始行动了。"

她不是简单地说"我打算多吃水果和蔬菜"，之后就把这个目标置之不理了。因为她已经知道了进入 6% 俱乐部的秘密，所以她说："我每天下午 6 点都要吃一种水果或蔬菜，将其作为晚餐的一部分，这对我来说在重要性上属于 10 级。"

我告诉她，要在她所有的电子设备上设定每天下午 6 点的闹钟，以此提醒她准时吃水果或蔬菜。我还告诉她，我希望她的手机、手表和笔记本电脑都能在每天下午 6 点提醒她吃水果或蔬菜。我直视她的眼睛，告诉她："在 30 天里，每天都在同一时间做这件事。我向你保证，30 天后，你就不再需要提醒了。你会主动去做的。它将成为你日常生活的一部分。"

现在，这看起来可能是小事一桩。虽然每天吃一种水果或蔬菜，只是一个小小的改变，并不是整个生活的改变，但是，如果你知道如何做到这一点，如果你在生活中的另一件事上也能做到这一点，然后继续延伸到其他事情上，你的目标就会变得越来越大，你改变的效果就会越来越明显，你也在这个过程中变得更好了，那该有多棒啊！这样一来，你就知道该如何做出改变了。

当你决定要做某事时，你还要为自己设定一个最后期限。记住，你是在与自己的大脑作对，而大脑只想让你回到原来的老路上去。

当你承诺会做某事时，如果没有具体的截止日期，大脑就会想出一大堆你不应该开始做这件事的借口。根据任何特定的情况，你的大脑都有无限的借口可供选择：家人要来探望；我们要去度假；在星期一开始做新事会更好；你没有运动服；你不应该花钱买运动服；你不会做饭；学费太贵了；你现在没有时间再去找新工作；你男朋友真的没有那么糟糕，而且你不想一个人去参加别人的婚礼；等你年纪再大点，赚了更多的钱之后，你会有很多时间为退休储蓄的；健康食品太贵了，准备起来太耗时；

不要多管闲事；你可以等安排好事业后再生孩子；等孩子离家独立，你就有时间开始自己的事业了；如果你放下手机，转而与你的家人面对面交谈，那么你该怎么知道世界上发生了什么……

如果你为自己的改变设定了最后期限，你就是在向自己的大脑发出信号，表明你是认真的，没有回旋的余地了，这个目标一定要完成。最后期限提供了一种紧迫感和条理性，这是两种让你开始行动而不是停滞不前绝对需要的东西。

为了实现目标，你要主导你的环境，而不是依赖你的干劲——干劲是虚无缥缈的，有些日子你干劲十足，有些日子就没有干劲。在后一种情况下，你可能刚开始会非常有干劲，随后就会因为太累，或者发生了什么事，又或者压力太大而放弃整件事情……

你不能依赖你的干劲。

此外，环境可能比你想象的更能影响你的决策。比如，如果你想减肥，决定做出改变，就选择用一个更小的盘子吃饭，这样你吃的食物就更少了。你还担心会错过健身课程吗？那么就在晚上睡觉前把你的运动服，包括运动鞋和袜子放在床边吧。别总想着靠意志力自律，放松点儿，去调整你所处的环境，来为你的成功创造条件吧。当你去改变你的环境，你就是在重新训练自己的大脑，来让自己养成新的、更健康的习惯。

第 5 节
设定目标的做与不做

我创建了一个设定目标的"做与不做"列表，这样可以让你设定目标的过程变得更轻松些。

要做什么：

1. 从小处着手。如果你想迈出新的步伐，就先设定一些小的、可实现的目标。这不仅可以让你不至于气馁和不知所措，还有助于你走上实现更大目标的道路。当你完成了第一步时，你就可以再迈出一步，然后再迈出下一步。通过多次成功来积累动能，有助于你保持干劲，不断向前迈进。很快，这些在小目标上的成功就会让成功变成你的一种习惯。

2. 一次选择一个目标。你听说过"人应该选好战场"的说法吗？多线作战从来都不是一个好主意，不是吗？要记住，你的大脑正在与你作对，它不想花费额外的精力来学习新知识或做新工作，这就是为什么你一次只需要选择一个目标的原因。

只有你实现了一个目标，或把一项持续性的活动变成了一种习惯后，你才可以去处理下一个目标。一次做太多事是肯定会失败的。

3. 尽可能具体。你的大脑正在竭力寻找任何可以避免消耗更多能量，不去尝试新东西的借口。不要让你的大脑有机会告诉你，它不知道如何或何时去做某事。你的计划越具体，大脑就越难逃避它。

4. 设定截止日期。紧迫感会迫使你前进，而紧迫感与具体性相伴而生。你不会想让大脑有机会因为不必立即完成某事，或者可以以后再开始做某事而一拖再拖。请为你的目标设定一个30天的最后期限，这样你就能迫使自己继续前进来完成它。

5. 要主导你的环境，而不是依赖你的干劲。在任何特定时刻，你的干劲都会因为你的情绪、精力或环境的影响而产生波动，它每天甚至每时每刻都在改变，这就是你不能依赖干劲来实现你的目标的原因。相反，你需要主导你的环境，这样你才能尽可能无痛和自主地朝着你的目标一小步一小步地迈进。早上醒来时，你可能会觉得没有动力收拾好你的随身物品去健身房，这就是为什么你应该在前一天晚上就把准备好的物品放在床边，以便出发时带上。

6. 要写下来。你要把自己设定的目标及如何实现它的计划写下来并做成列表，使它变得真实、具体。这样做可以将你的目标从你杂乱无章的头脑中整理出来，并通过书写变成实体，如此一来，你的目标列表就变得更加真实和具体了。要把你的目标列表存在你的手机里，挂在浴室的镜子上，放在你经常看得到的地方，这样你就可以不断提醒自己你在做什么、该如何做，以及这个目标对你有多重要了。

7. 要至少告诉一个人。正如我们所讨论的，大脑不想做额外的工作，因此要是指望它真的对你想做到的事说一不二，那就只能靠撞大运了。你需要有个人来见证、监督你实现目标，确保你正在执行你的计划。理想状态下，这个人也应该有一个你可以监督他执行的目标，而即使这个人没有目标，也要确保你至少有一个熟人，可以监督你实现目标的进度。

8. 在固定的时间做固定的事。重复是养成习惯的关键，如果你想养成习惯，就不要在不固定的时间做你该做的事——你需要太多的精力来想起该做什么，从而使你的大脑有机会让你退回老路上去。比如，当你晚上要去睡觉的时候，会突然想起你忘了花时间做你该做的事，长此以往，你的目标就泡汤了。如果你打算锻炼，就要选择一个固定的时间去锻炼；如果你计划在每天的饮食中添加一份水果或蔬菜，就在每天的固定时间添加。通过在固定的时间从事相同的活动，你将在自己的大脑中开辟一条即将成为新习惯的"现成的路"。

9. 要使用电子设备进行提醒。在数字时代，你没有理由"不记得"做某事——在你的手机、计算机、笔记本电脑、智能手表，以及其他任何可能的电子设备上设定闹钟，这样你就不会在将要采取某种新行动时"忘了"它了。

不要做什么：

1. 放弃。如果你搞砸了，就回到起点，重复原来计划的行动 30 天，直到它成为你做事方式的一部分。请记住，你的大脑希望你放弃，不要让它轻易得逞！

2. 压垮自己。不要尝试一次做好几件事或选择一个太大的目标，你要只选择一件事并专注于它。如果你有一个大目标，就要先把它分解成一个个小目标，再逐个去完成。你需要寻找最容易取得的胜利，尤其是在刚开始做事的时候。许多人之所以失败，是因为他们一开始太过雄心勃勃了，要知道罗马不是一日建成的。

3. 重视那些认为你做不到的人的意见。你光是在不受外界消极因素影响的情况下战胜自己的大脑就已经很难了。记住，那些一上来就说你做不成某事的人，几乎总是那些自己都做不成事的人。不要让那些缺乏想象力、勇气、野心和远见的人妨碍了你——你的生活是你的船，你才是船长。

4. 苛责自己。每个人都会在做事的过程中时不时地栽跟头，每个人都会经历失败和挣扎，任何说自己从来没失败过的人都是在撒谎。假如你没有完成你打算做的事情，或没能实现目标，要原谅自己。然而，你更要站起来，掸去身上的灰尘，继续前进，不要一蹶不振，也不要就此放弃，更不要浪费一整天或几周的时间去自责、自怜或者沮丧。如果你午餐吃了三倍于你计划的碳水化合物，那就算了吧。这并不意味着一整天就这么完了——晚餐就在眼前，你还有机会让自己回到正轨。

5. 忘记自我关怀。忙碌、有动力并且想改善生活的人，经常会忘记花时间照顾自己。如果缺乏自我关怀，你就会筋疲力尽，然后也就没有精力做出改变。在实现目标的过程中，你可以偶尔去做下按摩，和老朋友打打高尔夫球，花点时间坐下来冥想一个小时，让自己重新集中注意力，平静下来。

第 6 节
知道如何设定目标会赋予你力量

　　如果你知道如何设定目标，那么你就像拥有了一张会引导你走向成功的藏宝图。设定明确的目标是一种赋能工具，可以帮助你控制自己的生活。想象一下，如果你正在旅途中而没有地图，你就会为此感到迷茫，不确定自己要去哪里。然而，当你设定了明确的目标时，你就好像拥有了一张可以为自己指引方向的地图。

　　目标让你有方向感和目的感，可以帮助你将时间和精力集中在对你真正重要的事情上。设定明确的目标，就像你在对自己说："这是我想去的地方，我下定决心要去那里。"通过设定目标，你成了自己的船长，能够让你的生活之船航向你想前往的目的地。设立明确目标的赋能作用，可以从人们对神经科学的理解中找到来源。

　　现在让我们来探讨一下其中的科学原理：为什么设定目标会让人产生如此强大的动力？在大脑里，有一个奇妙的结构，叫做前额叶皮层，它就像大脑的控制中心，可以帮助你制定计划、做出决策、保持专注。当你设定目标时，你的前额叶皮层就会开始工作，因此，你在决心做出改变时要做的第一件事，就是制定一个关于实现你的目标的计划。

然而，大脑中还在发生其他的生理活动。当你设定了一个明确的目标时，大脑就会释放一种叫做多巴胺的化学物质——请将多巴胺视为一种奖励信号。在你朝着目标前进时，多巴胺会让你感觉良好。这种化学物质会激励你继续前进，它就像你大脑中的啦啦队队长，在说："你做得很好！继续加油！"因此，设定目标不仅能为你指引方向，还能让你动力十足，拥有良好的自我感觉。

每当你设定了一个目标并坚持了下来，大脑都会奖励你一剂多巴胺，犹如在为你击掌庆祝，这种积极的心理暗示会让你有动力继续前进。设定目标的力量就在于此：一旦设定了目标，你就不仅仅是在做梦，而是正在积极地为实现你的梦想努力，如此一来，你的大脑就不会拖你的后腿，反而会乐于帮助你设定并实现目标，因为大脑也喜欢多巴胺。

当你设定目标时，你就像拥有了一个指导你生活的全球定位系统，让你能够知晓前往目的地的路线。毕竟，你可以选择漫无目的地开车，然后迷路，也可以使用最好的全球定位系统开车，让你更快地到达目的地。还有什么比这更能给人动力的吗？

第 7 节
每天都要问自己的头号问题

请你每天问自己一个问题——这个问题将始终为你指明正确的方向——"现在最重要的是什么？"这个问题将有助于你管理你的时间、精力和优先事项。我有一个了不起的工具，可以用来帮助你解决这个问题。我在 20 年前开发了它，从那时起，我就在我自己的生活中，以及与世界各地的商业领袖、团队和个人的合作中使用它。我已经见证了它惊人的效果，我也希望你能拥有它。这个工具叫做 0—10 规则，我迫不及待地想与你分享它。我们在本章之前已经对这一规则有所提及，现在，我们将在下一章中就此进行深入探讨。

问题不在于你是不是很忙。
问题在于：你在忙着做什么？

第五章

0—10 规则

你的大脑中充满了杂乱无章的思绪：想法、恐惧、希望、人们告诉你的事情、你想告诉他们的事情、遗憾、愿望、要处理的新信息、感受、要做出的决策、你忘记的事情、你记得的事情、你累了、你饿了、孩子生病了、你老板又蛮不讲理了，等等。

即使如此，这个杂乱无章的大脑仍需要做出决策，而且是做出正确的决策。此外，它还需要确定优先事项。因此，你需要管理你的精力、时间和注意力。

事情如此烦琐，你如何有时间和注意力来管理自己的精力呢？在大脑如此疲惫，又有这么多事情和信息需要处理的情况下，你该如何集中精力做出关于你的时间、优先事项、需要关注的事情，以及需要做的事情的正确决策呢？

下面这个工具可以为你提供极大帮助，它能帮你排除干扰，并且弄清楚自己最需要做的事情是什么。它就是所谓的 0—10 规则。

第 1 节
0—10 规则是什么，我又是如何开发它的

  我在攻读心理学博士学位的时候，开发了 0—10 规则。当时我们正在学习的是作为治疗师，如何使用一个量表系统来帮助治疗抑郁症患者。当某人患有抑郁症时，一切对他而言似乎都是黑暗的，如果你询问此人与昨天相比是否感觉好一些了，他很难做出答复。在他眼中，昨天是黑暗的，今天是黑暗的，明天似乎也是黑暗的……

  作为培训中的治疗师，我们被要求使用 0—10 量表系统来帮助身患抑郁症的人。作为他的治疗师，我们需要观察此人的改善情况：在 0—10 量表系统中，0 级是最差的评级，而 10 级则是最好的评级。这一量表系统背后的理念是：数字可以清楚地表达改善的程度。因此，如果一个患者的评级昨天是 2 级，今天是 3 级，就说明治疗有了积极效果，据此，治疗师可以尝试让他的评级达到 4 级或 5 级……

  在治疗这些抑郁症患者时，我自己也在苦苦挣扎之中。那时我有一份全职工作，是三个年幼孩子的妈妈，也是一名全日

制博士生。虽然我每一天都排得满满的，但还是没有足够的时间来兼顾这一切。孩子就是我的全部，我不想在这个过程中把亲子关系搞砸；我和亚当的婚姻也是我的全部，我也不能把婚姻搞砸；我们家的经济条件不支持我放弃全职工作，但我也不能放弃博士学位，因为我想提升自己、改变自己，想把我的生活提升至一个更好的状态。那么，我该怎样才能兼顾这一切呢？

当我学习了用于测量抑郁症改善程度的量表系统，并见证了它在大学诊所里对患者的治疗效果多么明显后，我萌生了一个想法。我对自己说：如果我从抑郁症治疗领域中借用这个从 0 到 10 评级的工具，将其引入决策、优先事项和时间管理的领域，会有什么样的效果呢？它将有助于我弄清楚当下该做什么、如何确定优先事项，以及将我非常有限的时间和精力放在哪里……

我至今还记得脑海中浮现出这个想法的那一天。当时，我的博士项目进行到了中期，而我必须接受委员会面试，才能进入研究阶段。我疲惫不堪地参加了那次面试，由于睡眠不足，我有了黑眼圈。在那次面试中，面试官们问了我许多问题，其中之一是："你最大的挑战是什么？"

我猜当时面试官希望我说一些关于特定课程或课题，或与患者合作有关的事情，而我却直截了当地说："时间。我只是没有足够的时间。课程不难，阅读也不难，我喜欢我做的事，只是时间不够用。"

在之前的章节中，我阐述了停顿的力量，也谈到了在激烈竞争中，我们经常根本无法停下来思考，而停顿会促生觉察，这是改变的第一步。那次面谈就是我的停顿。在那一刻之前，我忙得不可开交，只想兼顾身上的一切事务，以至于我从来没有停下来思考过。意识到我的答案是"时间"时，连我自己都感到惊讶，因为直到那时我才想到它。恰恰是在那个时候，我脑海中浮现出了这个想法——如果我使用量表系统来帮助自己确定优先事项，找出最重要的事情，会怎么样呢？

我是一个直截了当的人，我承认自己没有耐心听别人啰嗦。如果事情很重要，我可以非常认真，聚精会神地听；而如果要听的是一个用一两句话就可以概述的长篇故事，我的头脑就会感到疲倦，然后开始寻找直接的结论。量表系统非常适合像我这样的人，它能绕过细枝末节，告诉我一个直接的结论，这样我就明白重点是什么了。因此，我开始在自己的生活中使用0—10规则。

第 2 节
0—10 规则改变了游戏玩法

开始在生活中使用 0—10 规则后，我没多久就意识到它对我的帮助有多大——它让我明白，我根本就不可能兼顾生活中的所有事。我必须为学业阅读大量的文献；在工作中，我的负担很重；在家里，我的孩子们还小，需要我照顾，具体细节如下：足球训练、午餐、拼车、与小朋友一起玩，和爱与关注——这些都需要我的关注和付出。因此，我开始将 0—10 规则运用于生活中的几乎所有事情上。你的时间和精力是你最重要的两项资源，我们一会儿会讨论你的精力，现在还是先让我们谈谈时间吧。

每当我感到不知所措，并且不确定该将时间用在哪里时，便会使用量表系统：我现在该做这件事还是那件事？如果这件事是 2 级，那件事是 10 级，我会选择做 10 级的事。只需要两秒钟，我就能做出选择，将注意力集中在最重要的事情上。下面是我将 0—10 规则付诸实践的情形：

- 完成我课程阅读任务的最后 8 页是 5 级。送我的孩子们准时上学是 10 级。于是，我选择准时送孩子们上学。
- 为家人做一顿健康的晚餐是 7 级。吃外卖，让我可以抽出半个小时和孩子们一起玩，然后再回去学习是 9 级。于是，我点了外卖。
- 睡 6 个小时，让我在第二天上班时处于最佳状态是 5 级。熬夜完成学期论文并按时上交是 10 级。于是，我选择了熬夜。
- 利用午休时间学习是 8 级。我丈夫突然邀请我一起去吃午饭，这样我们就可以有一些时间独处是 10 级。于是，我们吃了一顿很棒的午餐，并把它当成了一次约会。

即使我不再需要兼顾工作、学业和年幼的孩子们，0—10 规则仍然是我日常生活的一部分。我仍然有很多任务要完成，可即使没有任务，我也会将 0—10 规则应用于我的所有决策之中。

例如，在我写这本书的时候，我的大儿子过来找我。当时，我正在写这一章，他却催促我和他们一起去院子里待一会儿。

他对我说："来吧，妈妈，我明天就要走了。来和我们一起坐坐吧！"

直到这时，我发现 0—10 规则依然非常有用。两秒钟之内，我对自己说："现在完成这一章是 7 级，我可以稍后再做，可现在和孩子们一起共度时光是 10 级。这样的时光一旦失去，就再也找不回来了……"

于是，我拿着咖啡，离开了办公桌，和孩子们一起坐在外面晒太阳——毫无疑问，除了必须写完这个章节外，我还要叠衣服（2 级）、洗水槽里的盘子（5 级），以及处理账单（6 级）。然而，我此刻不可能做得完以上所有事，对吧？那样会把我压垮的。能弄清在任何特定的时间，什么是重要的事情，将彻底改变"生活"这场游戏的玩法。

0—10 规则还有助于你控制自己的大脑。当你的优先事项（你的 9 级和 10 级事项）在你日常的生活和工作中不常见时，这一点尤为重要。这样，当你的大脑试图走现成的路，让你把注意力集中在对你来说不那么重要的事情上时，你就能通过一种行之有效的方法来控制它，因为 0—10 法则让你能够迅速确定什么对你来说真正重要，还有你现在想要什么。

我经常与全球顶级商业领袖合作，一旦在我的研究和生活经验中发现了一些有效的方法，我便会与他们分享。因此，在生活中成功应用了 0—10 规则后，我就开始与他们分享这一规则。虽然我知道它对我有用，但是，我并没有意识到它对商业领袖们会有多大的作用。

我发现，那些商业领袖经常因为试图兼顾所有大大小小的事而不堪重负，却忘记了专注于对自己和团队的成功来说最重要的事。他们所领导的团队成员也不知道如何确定优先事项，因此经常感到过度劳累、倦怠和不知所措。这一切会导致他们工作效率低下、浪费时间、筋疲力尽，工作与生活完全失衡，急需帮助。

我进入这些组织后，发现每个人都只能专注于自己眼前的事。虽然他们都在努力工作，但是其中的许多人只是为了完成任务而拼命加班，导致大量时间被浪费在无法推进公司经营目标的任务和项目上，或者无助于他们以更好、更合理的方式履行工作职责的事情上。我对他们深表同情——就像我在攻读博士学位期间与评审委员会交谈时一样，他们都迫切希望有更多的时间可供支配。不过，多亏了我所学到的东西，我知道他们真正需要的不是更多的时间，而是快速、有效地确定优先事项的能力。

我告诉这些商业领袖：任何人都无法把所有的事都做得尽善尽美，这对人类来说是根本不可能的，他们需要学会使用0—10规则快速确定优先事项，并将其应用到工作和生活的各个方面，然后教他们的团队也这样做。这时，他们的眼睛都会睁得大大的。虽然有些人如释重负，也有些人将信将疑，但是所有人都在认真听，因为他们从来没有这样想过。他们只是四处奔波，试图去做完一切事情，并鞭策他们的团队成员以同样的方式做事。大多数有足够动力和雄心壮志，足以支持他们成为顶级商业领袖的人，终其一生都在信奉某种信条，比如："如果想把事情做好，就必须事必躬亲"，或者"与其花时间教他人如何代劳，不如自己把事做了"。他们也相信自己有能力做完所有事，如果做不到，就必定是某个地方出了问题，这就需要他们更加努力工作。

意识到自己不需要做完所有事，是一种多数人终其一生都无法得到的清晰和自由。这种感觉很美妙。

他们还问我："那么重要程度为 2 级和 3 级的事情怎么办？这些 2 级和 3 级的事情也需要完成。"

我告诉他们，选择有很多：他们可以将其委托给他人，也可以把这些事推迟到他们有时间处理的那一天，或者，其中一些 2 级和 3 级事务将必须被放弃，反正它们并不重要。有些人很难放弃要做的事，即使只是 2 级事务。不过，你可以设想一下：鉴于你不可能完成所有的事，那么到了不得不放弃其中一件的时候，你宁愿放弃你的 2 级还是 10 级事务呢？

如果给客户打电话是 10 级事务，而准备一个包含数据的电子表格是 4 级事务，那么，你现在应该做什么？是打电话给客户还是忙着弄电子表格？

如果培训一个为你处理你所有的 6 级、7 级、8 级的事务的人是你优先事项列表中的 9 级事务，那么，你应该先处理这件事，还是去参加一场 6 级的会议？答案肯定是花时间培训这个人，这样，他们就可以代替你参加这些会议，并在稍后为你提供三分钟的要点汇报。

在个人层面上，如果现在锻炼对你来说是 10 级事务，你却把时间浪费在浏览社交媒体，即 0 级或 1 级事务上，那么你现在该去干什么了？

如果和一个你并不真正关心的朋友交谈是 2 级事务，但完成一个以后会占用你与家人在一起的时间的项目是 9 级事务，那么你现在又该干什么？

我收到的对 0—10 规则的反馈简直太多了。我收到过来自世界各地的，我所共事过的商业领袖的电子邮件、短信和信件，他们说："0—10 规则太好用了，太棒了，我们都在团队会议中使用它，我也在自己的生活中使用它。它有助于我们专注并完成最重要的事。公司的生产力创造了新高，我和我的团队都不再那么疲惫了。"

这些商业领袖正在与他们的员工、客户和朋友分享 0—10 规则，该规则正在全面改变他们的生活——它为他们创造了更快乐、更健康的生活和工作环境，如此一来，他们不仅可以完成更多重要任务，还可以使他们的业务得到拓展。

第 3 节
专注于最重要的事

我们生活在一种崇尚忙碌的文化中。每个人都很忙。无论你问谁:"你忙吗?"他们都会回答你:"哦,是的,我一直很忙。"忙碌对他们来说几乎像一枚荣誉勋章。即使他们不忙,也不好意思承认这一点,因为他们觉得自己应该忙。毕竟,我们都是所谓的激烈竞争的一部分,参与其中并不是件轻松的事。

我必须告诉你一个事实:忙碌本身并没有意义。实际上,忙碌并不意味着你在生活中前进了多少或到达了什么地方。真正要问的问题不是你是否忙,而是:你在忙着做什么?你是完成了最重要的任务,还是只是四处奔波,浪费了大量的时间和精力,实际上完成的任务却很少?

很多人把大量时间和精力花在他们的 2 级、3 级甚至 1 级事务上,却并没有触及他们的 9 级和 10 级事务,而他们的日子就这样在"忙碌"的迷雾中流逝了。

你有没有在熬到星期五后,想知道这一周的时间都去哪儿了?你有没有在看到你的待办事项清单时,才发现仅仅完成了其中一半（或更少）的事情，而且最重要的事情还没有完成？你有没有在回顾过去的一周、一个月、一年时，意识到许多小的、无意义的事，甚至从未出现在你的待办事项清单上的事情插队挤进了你的生活，并得到了你的关注？这个月你完成了多少 0 级、1 级和 2 级的任务，又完成了多少 8 级、9 级和 10 级的任务呢？如果你花点时间把它们归纳起来，我敢打赌，结果会让你感到震惊！

你可能还会惊讶地发现，虽然你一直在忙忙碌碌，但你几乎没有完成任何对你来说真正重要的事！有些人在整个职业生涯和一生中，都在扑灭突然冒出来的小火苗，而忽略了他们身后的熊熊大火……

你有没有觉得，在工作或别的对你来说很重要的事情中，你总是落后于计划一两步？你为何无法做到"领先一步"呢？你特意留出来的，去做对你来说重要的事的时间，有没有被不重要的事情或外界的不断打扰悄悄地吞噬了？

我敢肯定，即使不是全部，其中一些场景也会让人感到熟悉。虽然时间是我们最宝贵的资源之一，但我们没有像我们应该做的那样去全力保护它。相反，我们让细枝末节、无关紧要的任务和人把时间从我们这里偷走了。

这一切看起来也许无足轻重：一个小任务突然出现，它是一件只需要一个电话或 5 分钟时间就能搞定的事，似乎干脆把它做完之后抛诸脑后，都比将之忽略、延期，或委派给他人容易得多。然而，虽然完成这个任务本身可能只需要 5 分钟，但实际上，它从你的时间表中挤占的时间要多得多，因为你还要花时间整理之前被它打断的思路。一旦你挂断电话，就可能需要 5 分钟、10 分钟甚至 15 分钟，才能恢复到中断发生时的工作状态，这样一来，原本 5 分钟就能完成的任务，就占用了你 20 分钟的工作时间。类似的事情再多几件，你就损失了一小时。现在你明白你的时间是如何被小任务浪费的了吗？

确实，一些小而急的任务可能具有很高的优先级别，花时间处理它们是可以的。毕竟，当你的哮喘突然发作，而你的吸药器快空了，去药房买药就成了你必须做的事。虽然这可能是计划外的事情，但此事对你一天的影响很可能达到 10 级。突发事件、重要机会和其他重要优先事项，虽然可能会让你措手不及，但这并不是我们要谈论的那种。

我们谈论的是那些不是紧急状况，在大局中也并不重要，甚至通常没有硬性的最后期限的小任务。虽然完成这些任务是有时间和地点限制的，但你需要有意识地做到这一点：不要让它们分散你分配给自己清单上更重要的任务——你的 9 级和 10 级任务的时间和精力。

第 4 节
对抗你的决策疲劳

还记得在前文中我们谈到过，普通人每天会做出大约 35 000 个决策吗？虽然其中大多数都是你在自动驾驶模式下做出的，不需要占用你太多的注意力，但是，你的大脑同样会因此感到疲倦。做出太多的决策和选择会消耗你的精神能量，即使你可能没有意识到这一点，决策疲劳也会在很多方面影响你的生活。

决策疲劳的产生与大脑的工作方式有关。大脑就像一块肌肉，你的肌肉在锻炼后会感到疲倦，你的大脑在做出决策后也会感到疲倦。假如有很多重大决策需要做出，这就势必会耗费你大量的精力，在这种情况下，你的大脑就会感到疲倦。

决策疲劳发生的另一个原因是做出决策可能会带来压力。你需要做出的决策越多，你所承受的压力就越大。反过来说，压力会消耗你更多的精神能量，而大脑每天可供使用的能量是有限的。因此对你来说，明智地使用这些有限的能量非常重要。

那么，为什么意识到决策疲劳对你很重要呢？事情是这样的：当决策疲劳出现时，你做出正确决策的能力就会减弱。你可能会发现自己正在做出冲动的决策，或者完全放弃做出决策，以上做法可能会影响你生活的方方面面，从你的健康、工作到你的人际关系。

例如，当你因做决策而感到疲倦时，就更可能去吃不健康的零食，因为这是个简单的选择。或者，你可能会拖延重要的任务，因为决定从哪里开始去做这个问题会让你感到不知所措。在生活中，你在决策疲劳时，更可能会因为一些小事而对所爱的人大发雷霆，因为你的耐心已经被消磨得差不多了。

意识到决策疲劳，可以让你采取措施来应对它。你可以通过创建日常习惯，或设定优先事项来简化自己的日常选择。例如，你可以提前计划膳食，或在睡前决定第二天的穿着。通过减少你需要做出的选择数量，你可以把精神能量留给更重要的决策。

使用0—10规则是另一种很好的方式，它可以最大限度地简化决策过程，减少决策疲劳的影响，消除或至少显著减少糟糕的决策，并在两秒钟内让你重新集中注意力。

决策疲劳是真实存在的，它会影响你做出选择的能力，还可能导致你做出糟糕的决策。因此请使用0—10规则来突破干扰，专注于你的9级和10级的重要事项，为自己做出正确的决策。

第 5 节
你的 X 及你的内心平静

专注于最重要的事情不仅可以帮助你管理时间和确定优先事项，还可以帮助你保存精力。有一天，我的女儿米娅从夏令营辅导员的暑期工岗位回来，在我们一起遛狗时，她向我抱怨说，她一直觉得自己没有精力搞艺术了。她喜欢做动画，喜欢创造角色，可她最近却没有动力，没有灵感，她真的因为她停止了动画和艺术创作感到很沮丧。

于是，我告诉她有关 X 的事：在开始每一天时，你会有 X 的能量——也就是你当天所能使用的所有能量有多少。有些日子里，你的 X 量更大，也就是你有更多的精力用于工作，而另一些时候，这个 X 量则非常小——也许在那些日子里，你累了，生病了，对某人非常失望，或者度过了糟糕的一天，这些情况都会消磨你，占用你很多精力。因此，现在你用来工作的能量更少，你的 X 量也更小——我告诉她，不用担心，有时候事情就是这样。不要试图把 X 量很小的一天像 X 量很大的一天一样对待，这是不公平的：你没有足够的 X 来使用。

她向我描述了这样一种情况：一天，她开心且满怀善意地去上班，准备度过愉快的一天，后来，却发生了一件让她心烦意乱的事，此事让她筋疲力尽，致使她不知道如何度过这一天。我向她解释说，有时一天中会发生一些事，这些事会完全剥夺她的 X 能量。"本来你有 90% 的 X 可以用，现在你只剩下 20%，事实就是如此。不要试图用 20% 的 X 来让自己表现得好像有 90% 的 X 一样，要接受这个现实。现在的问题是，你该怎么利用这剩下的 20%？没错，专注于对你来说最重要的事情。这种时候，你就要只关注你的 9 能量和 10 级事项。"

我经历过一整周都在路上奔波，在活动中发言，几乎是住在飞机的日子，有时我生病了，有时我只是累了……那时我就只有那么多的 X 可以使用。于是我就会拿出一张纸，写下那天的三个 10 级事项，并告诉自己：虽然这点能量就是我能给出的全部了，但是，这些 10 级事项一定会完成。

在我只有很少的 X 的日子里，如果我硬撑着去完成很多事，包括很多 2 级、3 级和 4 级的事，就会对自己的身心造成极大的伤害。可能在这一天结束时，我会因此对某人大发雷霆，或者感到筋疲力尽。我为什么要这样对待自己？以上情况都是完全可以避免的。同样，请你在最重要的事情上保持头脑清醒，并在余生中的每一天专注于 9 级和 10 级的事项。

现在请你从忙碌中停下来一分钟，想象一下，如果每天、每周、每年，你的 9 级和 10 级事项都完成了，事情会有什么不同？这将如何改变你的生活？它将如何改善你的职业、你的自尊、你的人际关系，以及你的整体健康和幸福感？

第 6 节
30 分钟魔法

你将在一天中多次运用 0—10 规则。虽然你可能不得不去做许多影响非常大的小决策，但是没有什么比提前计划好你的一天并设定你的优先事项更重要了。

如果没有提前做计划就投入一天的工作中，你在一天的剩余时间里，就会变得被动而不是主动。这一天，你将会把大量的时间浪费在你的 2 级、3 级和 1 级事项上而不自知，因为你从来没有花时间在做事之前先做计划。

我有一个习惯想和你分享，我称之为我的"30 分钟魔法"。无论什么时候——有时我必须起得很早，为接下来的活动或者赶早班飞机做充分准备——我总是会提前 30 分钟起床，给自己30 分钟的平静时间。

在这 30 分钟里，我一个人安静地坐着喝咖啡，房子里很安静，没有其他人在场，没有电话打扰，也没有人需要我做任何事，更没有任何噪声，只有爱犬与我相伴。我享受着宁静，计划着一天的行程。我心里想着，接下来的一天，我会向自己确认：感觉如何？都还好吗？今天有多少 X 可用？我会写下我的 10 级事项，并决定我今天肯定会放弃哪些 2 级和 1 级事项……

"30 分钟魔法"能拯救我的一天，让我在新的一天开始时头脑清楚，做事有条理，知道什么是最重要的，也知道应该把时间和精力集中在哪些方面。很多日子里，当送完女儿上学回家时，我都会看到我的邻居带着她的两个孩子火急火燎地往学校赶去，通常已经迟到了，或马上就要迟到。她看起来如此不知所措、疲惫不堪。我总是会想：以这种方式开始一天是多么糟糕啊！倘若你以这种方式开始新的一天，就不可能理清你的优先事项了。我真希望能告诉我的邻居"30 分钟魔法"。

第 7 节
在业务和职业生涯中使用 0—10 规则

想象一下：你正在参加一个团队会议，其中有太多的任务和想法需要讨论，以至于很难决定从哪里入手，参会的每个人都因此感到困惑。很多时候，我看到人们试图向他们的团队成员或商业同行解释什么是现在的优先事项。虽然他们觉得自己已经说得很清楚了，但是，听众们真的了解什么是最重要的吗？如何明确现在的最优先事项？他们用这么多词来描述一个企业或团队的优先事项是什么，然而其中的每个人都真的明白了吗？

在商业环境中，清晰就是一切。如果团队决定，或者商业领袖说某件事是 10 级事项，每个人就都能明白这意味着什么。团队成员也可以说："既然现在有一个 10 级事项，我们为什么要把重点放在 2 级和 3 级事项上呢？"只要一句话，就可以如此清晰地传递这么多重要信息！

我见过很多人把大量时间浪费在业务中低效的流程、完全不靠谱的优先事项，以及无休止的会议上，结果错失良机。决策疲劳和倦怠都是真实存在的，缺乏专注力，无论是对你的工作还是个人生活来说，都是真正的威胁。因此，你要绕过细枝末节，快速确定优先事项，以更有效地开展工作。对于事情，你既不必，也没有办法全部完成，你要集中精力专注于你的 9 级和 10 级事项，确保给自己留出陪伴家人、朋友，享受你的爱好，滋养你的灵魂的时间。

第 8 节
0—10 规则如何让你进入 6% 俱乐部

假如你下定决心要做某事，还为此制定了一个细致的计划，正准备采取行动时，最常见的阻碍往往来源于生活中的琐事。你本来认为自己已经弄清楚了一切，对怎么做也有了头绪，紧接着，意想不到的事发生了——有些东西坏了，有人生病了，你在工作中遇到了意想不到的紧急情况，等等。然而正是在生活琐事妨碍你的时候，你才更需要负起责任，让自己在任何特定时间内都专注于对自己来说最重要的事！

你会在生活琐事中左支右绌，人们会试图抢夺你的时间和精力，你会用较低的 X 能量来工作，也会感到疲倦和气馁。不要对此感到惊讶，而是要对此有心理准备。这些事情都会发生，生活就是这样的，这不是生活琐事是否会妨碍你的问题——它肯定会——这是你在任何时候都要把注意力集中在对你，而不是对其他任何人最重要的事情上的问题。这才是真正的改变游戏玩法的方式。

94% 的未能实现自己目标或决心的人会因生活琐事而分心。

一遇上第一个小坎坷、第一个小问题，他们的"计划"就被抛到脑后了。他们没有准备将实现自己的目标作为他们生命中最重要的事情之一，因此，从实际效果上讲，实现这个目标成了他们生活中最不重要的事情之一。

这就是为什么你需要清楚你的目标是什么，及它对你有多重要——如果你的目标重要程度只有 5 级，就不要为它操心了。如果你要克服生活中的挑战和大脑维持现状的愿望来实现你的目标，你就需要让它对你来说真的很重要。

实现目标的那 6% 的人知道他们必须坚持下去，即使他们的 X 很少，即使他们心情不好，即使工作或家里的紧急状况试图分散他们的注意力，他们也会完成目标。他们了解专注于对自己来说最重要的事情有多大的力量——这就是他们得以进入 6% 俱乐部并留在那里的原因。

精细的目标设定 + 专注于对你来说最重要的事情 = 成功。

第六章

具体法则

设定目标时，只要你的计划中有漏洞，大脑就会找到一种方式把你拉回原来的老路。没有设定计划持续时间？漏洞。没有设定计划何时开始？漏洞。没有在电子设备上为自己设定接下来 30 天的提醒？又一个漏洞。你的大脑会在这些漏洞中"休养生息"，如此也就给了大脑把你拉回老路上的机会。为了解决这个问题，你需要使用具体法则。

第 1 节
为什么大脑喜欢模糊

实话实说吧：大脑喜欢模糊。目标不明确？太好了。想法不清晰？妙极了。执行措施不够具体？终于可以放心了。

原因如下。

请你想象一下：大脑就像一片森林，里面有现成的路——这些现成的路便是你的习惯对应的神经通路。大脑中的神经通路是由你在一定时间内（通常是数月或数年）重复做出相同选择而创建出来的。除了这些现成的路之外，就是无路可走的森林。

如果你像我一样喜欢徒步运动，你就会知道，为了舒适和安全，你总是会走现成的路。大脑的运行机制也是一样的：它倾向于选择现成的路，即已有的神经通路，原因是这样做比较容易。

当你开始培养新习惯，就意味着你正在脑海中创造一条新的神经通路。如果你要在森林里开辟一条新路，这肯定会耗费你的精力，而且你需要重复走上很多遍，才能确保新路被开辟出来。

起初，你会被刮伤、绊倒、卡住，或扭伤脚踝，这肯定不怎么舒服。其间还存在潜在的未知危险，例如狭窄的壁架、岩石滑坡，以及不习惯与人类入侵者分享森林资源的野生动物等。不过，经过一段时间后，一条新路就会被开辟出来，并且更好走——这条新路就会成为你新的现成的路。

可是，所有这些工作对大脑来说都是代价高昂的。大脑只希望你使用现有的路径——换句话说，回到你的旧习惯上去。毕竟，大脑会争辩说，这样做更容易也更安全。它不在乎那些旧路已经无法为你提供帮助，乃至根本无法通向你想去的地方了。

当你设定了模糊或者未做清晰计划的目标时，你就掉进了大脑的陷阱。你给了它足够的空间来"解释"，或者更确切地说，是"误解"你的意图。

针对这一点，具体法则可以为你提供帮助。这个心理学原理很简单。它告诉你应该做什么：设定具体的目标。该法则揭示了这样一个事实，即一旦你设定了清晰、简洁和明确的目标，就会大大增加你成功的机会——你的目标越具体、越详细，你成功实现它的概率就越大。

比如，与其说"我想改善我的体能"，不如更具体地说"我会在三个月内参加一场 5 公里的长跑比赛"。其他的具体例子如下：

含糊其词："我想吃得更健康。"

具体来说："我会在每天晚上 6 点吃晚饭，并加上一份蔬菜。"

含糊其词："我想花更多的时间和儿子在一起。"

具体来说："我会每隔一个晚上给我的儿子打电话，花 20 分钟了解他的情况，尤其是对他来说什么是重要的。"

含糊不清："我想存钱。"

具体来说："我会每周三次自带午饭去上班，从而每个月为自己节省 100 美元的开支，然后我会把这些钱存入银行账户，为房子的首付做长期储蓄。"

含糊其词："我想回到学校。"

具体来说："在接下来的 30 天内，我将在 3 所不同的学校申请工商管理课程，并提交申请所需的所有证明文件。"

含糊其词："我想要一份新工作。"

具体来说："在接下来的 30 天内，我将向我感兴趣的 30 个不同工作岗位投递简历和申请。"

含糊其词："我想让自己的心态更积极。"

具体来说："在接下来的 30 天里，我会在每天晚上睡觉前写下 5 件令我开心的事，以此来让自己变得更加乐观、感恩。"

含糊其词："我想要在工作与生活之间实现更好的平衡。"

具体来说："在接下来的 30 天里，晚上 6 点以后，我不会再查看工作邮件，也不会接听任何与工作有关的电话。相反，我会把时间用在与家人一起聊天、一起吃晚饭、一起玩游戏，以及享受彼此的陪伴上。"

明白了吗？你计划得越具体，就越能让你的大脑安定下来，从而让它不会阻碍你实现目标。

请不要忘了 0—10 规则。当你选择要实现的目标时，要选择对你来说最重要的那个。我听一些人说过"动机并不重要"，对此，我不敢苟同：我认为动机不但重要，而且十分重要，因为虽然你可以随心所欲地对目标进行细化，但如果你设定了对自己来说并不重要的目标，你就不会真正在乎它，也就很难坚持把它完成。正是因为非常在乎自己的目标，你才会把目标细化，设定明确的截止日期和制订清晰而简单的行动计划，这些才是取得成功的窍门。

基于上述原因，具体法则包括四个组成部分：一个极其清晰和详细的目标、使用 0—10 规则来解释这个目标对你来说有多重要（要专注于 9 级或 10 级的事项）、一个明确的实现目标的计划，以及一个实现目标的截止日期。

请注意，以上内容的重点在于，目标不仅要具体，还要有明确的截止日期。这样，你就可以通知你的大脑完成该目标的明确定位和最后期限。具体法则有助于你将远大理想分解为一个个可操作的、有最后期限的详细目标，从而将你的理想变得触手可及、激动人心，而不是高不可攀、让你不堪重负。

第 2 节
具体法则背后的科学

　　具体法则深深植根于心理学：在大脑中，有一个被称为网状激活系统的区域，它相当于一个信息过滤器。当你设定了特定目标时，该系统就会被激活，让你的大脑能够过滤掉与之不相关的信息，并专注于重要的事情。

　　设定具体目标在大脑中起的作用，就是给网状激活系统设定一个明确的关注方向，就像你在告诉大脑："嘿，这就是我想实现的目标。我是认真的，它会实现的。这就是计划。是不是很刺激？"只要你设定一个特定的目标，就可以帮助大脑确切地知道它需要做什么。

　　这便是网状激活系统的工作原理。当你设定了一个目标后，一个实现它的计划就开始在你的大脑中形成。网状激活系统会在大脑的不同部分之间建立新的联系，就像构建一张路线图，这些联系可以帮助你的大脑弄清达到目标所需的步骤。

　　一旦有了计划，大脑就会开始向你身体的不同部位发送信号，督促它们采取行动，就像有一个信使能告诉你的肌肉、心脏和其他身体部位该怎么做一样——这些信息可以帮助你保持专注，让你有动力朝着目标努力。

一方面，倘若你朝着你的目标前进了，你的大脑就会通过释放让你感觉良好的化学物质——比如多巴胺——来奖励你。多巴胺就像一个信使，有好事发生的话，它就会告诉大脑。如果你以健康的方式实现目标，比如在学校取得好成绩或完成一个项目，你的大脑就会以好的方式释放多巴胺。这让你感到自豪，动力十足，充满了前进的力量，就像你的大脑在跳着快乐的舞蹈。这种积极的感觉鼓励你继续前进，朝着你的目标努力。

另一方面，虽然有一些坏习惯也可以让大脑释放多巴胺，但是释放的方式是不健康的。例如，如果你吃太多垃圾食品或整天玩电子游戏，那么大脑同样会释放多巴胺，让你感到一阵快乐。不过，这些坏习惯会对你的健康和幸福产生负面影响，长此以往，它们可能会让你感到疲倦甚至身体不适。

假如你以健康的方式实现了目标，这就是一种双赢，你不仅因为完成了某件事而感觉良好，身心还会随之受益。例如，如果你的目标是读一本书，读完后，你的大脑就会释放多巴胺——完成这个目标不仅会让你感到自豪和快乐，还提高了你的阅读能力，拓展了你的知识。如果你的目标是把体重减掉 10

磅①，而你称体重时发现真的减肥成功了，这也会让大脑释放多巴胺——你不仅会因此有一种成就感和兴奋感，还在这个过程中变得更健康了。

要进入 6% 俱乐部，重要的是专注于设定和实现对你有利的目标——这些目标可能包括定期锻炼、吃有营养的食物，或学习新技能等。当你朝着这些目标努力时，大脑会以健康的方式释放多巴胺，这有助于你感觉良好和保持动力。通过选择这些健康的习惯，你可以过上更加快乐、充实的生活！

① 1 磅约等于 0.454 千克。——编注

第3节
设定最后期限的重要性

设定最后期限很重要，它是具体法则保证你成功的关键部分。当你设定了一个目标，大脑中一个叫做前额叶皮层的部分就会被激活。大脑的这个部分很聪明，它能够帮助你制定计划、做出选择、保持专注。可是，重点来了：如果没有设定最后期限，你的大脑就可能不会认真对待你的目标。它可能会想："哦，我随时都可以去做这件事！"这可能会导致拖延，即你会不断推迟实现你的目标。

如果你设定了一个完成目标的最后期限，大脑中就会发生某种有趣的事，即产生一种紧迫感。大脑会知道完成该目标是有特定时间限制的，这种紧迫感会让你感到有动力和决心朝着你的目标努力。

为什么会这样呢？事实证明，大脑中有一种特殊的化学物质，叫做肾上腺素。在你设定了最后期限后，你的大脑便会释放肾上腺素，让你精力充沛，注意力更加集中——它就像一个小小的助推器，可以帮助你沿着现有的轨道前行，从而顺利完成任务。它可以让你感到专注和坚定，还会让你感到一些恐慌和压力，这些都是你的大脑让你执行和专注于任务的方式，即让你将精力集中在手头最重要的任务上。

设定最后期限还可以帮助大脑确定优先事项。一旦有了最后期限，大脑就会明白有些事情比其他事情更重要，从而让它可以帮助你安排时间，让你专注于最需要做的事情。这样，你就可以按部就班，以有效的方式朝着目标前进了。

因此，在你努力让自己跻身 6% 俱乐部成员的行列，并为你的目标设定最后期限时，你实际上是在训练自己的大脑，使它更聪明、更有效地工作。你在告诉自己的大脑："嘿，我是认真的！让我们完成这件事吧！"你的大脑则会通过释放肾上腺素，帮助你保持专注。

倘若你有特定的事情要做，并且还得在特定的期限前完成，你就会知道，自己必须分配足够的时间来驾车、坐飞机、步行或以其他方式到达目的地——比如说，如果你要去度假，你就要知道你必须在航班起飞前多久到达机场，以按时通过安检并到达登机口，这样你才不会错过飞机。你既要计算你必须从家里出发的时间，又要考虑潜在的交通拥堵问题。如果你足够明智，还会给自己留出一点额外的时间，以防在路上因为发生事故而耽误时间，或者遇上每个人都想去旅行，等待安检队伍的长度是平常的两倍的那一天，又或者航空公司遇上不断更换登机口的情况……如果你计算出做以上所有事情需要多长时间，就会给自己一个最后期限，要求自己什么时候必须得从家里出发。随着最后期限的临近，你的肾上腺素就会增加，因为你知道如果错过了最后期限，就可能会面临不愉快的后果。

同样，你需要告诉自己的大脑有多少时间去做某事。有些任务显然比其他任务需要更长的时间才能完成——因为养成一个新习惯大约需要 30 天，所以，我们在这本书中经常讨论这个时间框架。然而对于某些目标，例如让自己能完成 5 公里长跑，你可能需要给自己更多时间，例如 3 个月；对于其他目标，比如设定好你企业的社交媒体账户，你可能希望给自己更少的时间，比如 1 周。虽然完成目标所需的时间长短会因目标是什么，和在特定时间范围内完成目标的合理性而异，但通过计算需要多少时间，来让大脑意识到正在倒计时，这仍然是至关重要的——就像你计算出必须在某个时间点从家里出发去机场，这样才不会有错过航班、搞砸假期的风险一样。

因此，设定具体目标有助于大脑制定计划，向身体各部位发送信息，并在你取得进展时让你感觉良好——这就像给大脑指出一条清晰的路径，让你确切地知道你要去哪里，如何到达那里，以及什么时候离开。由此，你就可以准时完成目标了！

第 4 节
具体法则：要避免的常见错误

具体法则可以为你指明正确的方向，因此设定目标时，你一定要将之牢记在心。以下是一些设定目标时常见的错误，它们最终会让你跌入没法完成目标的 94% 的人之中，而不是进入 6% 俱乐部。

需要避免的事情如下：

错误 1：不够具体。设定目标时，要清楚准确地说明你想要实现的目标是什么。与其说"我想多运动"，不如说"我想每周锻炼 3 次，每次 30 分钟"，如果添加"在哪里锻炼"和"如何锻炼"，那就更好了！试试这个："我会去健身房，使用踏步机，每天锻炼 30 分钟，每周 3 次。"

即便如此，你还是给大脑留下了一些可以偷懒的回旋余地，因此你要尽可能压缩目标中的回旋余地，比如："周一、周三和周五早上上班前，我会去健身房，每天使用踏步机 30 分钟。"

错误 2：设定不切实际的目标。虽然雄心勃勃很重要，但是，如果目标太具有挑战性或太难实现，你可能会因此而气馁。要从设定可以实现的小目标开始，为实现更大的目标做好铺垫。

与其说"我想每月多赚 2000 美元"，不如从更易于把握的事情开始，比如："我想通过在自由职业者网站上申请业余时间可以做的工作，来每月多赚 200 美元。"一旦你实现了第一个目标，就会有动力来进一步激励自己，并且会知道如果想要实现更大目标的话，下一步需要做什么。

错误 3：没有计划。没有具体计划指引的目标就像没有船长的船。为了实现目标，请你制定一个分步实施的计划，概述你所需要采取的行动。要将目标分解成更小的任务，并制定一个时间表，以保持计划有条不紊地推进。

例如，虽然你可能希望通过互联网渠道出售手工饰品或其他手工艺品，但是这种愿望不是一个计划。计划将涉及你实现这个目标过程中的多个步骤，包括研究是在现有网站上销售还是创建自己的网站、设计网站的外观、确定你想要销售的产品、确定目标客户是谁、研究类似商品以找出合适的价格点、在当地提交任何必要的税务和商业文书、弄清楚如何进行营销才能让潜在客户知道你的存在、决定如何处理订单并让你的网站上线……要弄清实现目标的具体步骤，从而细分出一系列需要实现的小目标，并确定你将给自己多长时间来完成每个小目标。

错误 4：只关注最终结果。虽然实现最终目标很重要，但享受实现的过程同样重要。你要肯定自己一路走来所取得的进步，承认自己所付出的努力。请记住，你每向前迈出一步，就离你的目标更近了一步。

如果你的最终目标是减掉 60 磅的体重，就没必要等到实现目标时，才给自己买一条新裤子或一件新衬衫——请用一份让你感觉良好的奖励来庆祝里程碑的到来。我们大多数人都不太喜欢延迟满足。因此，如果你减掉了 10 磅的体重，那就出去买一条小一码的新休闲裤，因为它会让你每次穿或看到它时，都想起自己已经取得的成就。如果再减掉 10 磅的话，新买的休闲裤对你来说就太宽松了，再买一条新裤子，然后把之前的那条捐给慈善机构吧！如果你等到完成最终目标才奖励自己，你在这个过程中就可能会感到沮丧和倦怠。就像你应该把目标分成若干小目标一样，也应该在完成这些小目标的过程中给自己一些相应的小奖励。

错误 5：没有设定最后期限。假如没有最后期限，实现目标这件事就可能会被永远拖延。请你为每个目标设定一个时间表，以保持自己的动力和责任感。最后期限会让人产生一种紧迫感，有助于你按着既定的计划前进。

你："我想塑形。"

你的大脑："是的，我们总有一天会努力的……也许几年后……也许吧。"

为了激励你的大脑，使它让你肾上腺素飙升，并且让你的计划取得进展，你需要设立一个最后期限。设定一个最后期限是有理由的：如果不这样做，你就会永远在项目（书稿、幻灯片演示文稿、电子表格、设计等）上修修补补，而不会真正完成它们。大脑需要具体性，而截止日期是其中的一部分，你的工作或任务本身是什么其实并不重要。以清洁工为例，如果你把一个清洁工派到办公楼 14 层，告诉他要把这个楼层打扫得"完美无瑕"，却不给他一个最后期限，那么 8 个小时后，你可能会发现，整层楼只有一间办公室的地毯被清洗干净了，窗户里里外外都被擦干净了，所有的书架都被掸了灰尘，家具也被擦亮了——任何地方都没有一丝棉绒或灰尘。毕竟，清洁整个楼层的工作没有最后期限，而"完美无瑕"这个标准虽然很好，但也很模糊。因此，这个清洁工有的是时间让整个楼层变得"完美无瑕"。

如果你找到同一个清洁工，让他用 8 个小时时间来清洁完整个楼层，那么 8 个小时后，你会发现地毯已经被吸过尘了（但没有洗过），卫生间已经打扫干净了，所有的垃圾桶都被清空了，也许已经喷洒了一些空气清新剂。虽然没有打扫得"完美无瑕"，但整层楼而不仅仅是一间办公室都被这个清洁工以某种方式进行了清洁和处理。只有给清洁工一个完成任务的最后期限，清洁工才知道他需要在有限的时间内完成多少工作，还有他需要在完成工作的过程中专注于什么。

错误6：没有以最具体的方式适应改变。生活是不可预测的，有时事情不会按计划进行。你在实现目标的过程中，要保持灵活性，并能在需要时调整你的目标。如果你不得不改变原来的计划，请拥抱改变，并找到替代路线来实现你的目标。

也许你曾有过设法兼顾工作和学业的经历：虽然你高强度地工作和学习，每天有 16—18 个小时不在家，但是，你的眼睛却盯着最重要的目标，正在朝着这个目标前进。也许此时你的爱人还失去了工作，而你将不得不弄清楚该做什么，如何处理压力，以及如何应对这种新情况。你一开始可能会感到不堪重负——我明白，我自己也经历过这种情形。

这时，就是你深吸一口气，弄清楚如何在不放弃目标的同时做出调整的时候了：你可以和你的老板谈谈居家办公；如果你的老板在这方面不愿意变通，就需要你与学校和任课教师讨论如何完成这个学期的学业，也许是让一位同学为你做笔记，或付费请人为你提供笔记服务，然后，看看你的学校是否有机会进行全日制或非全日制远程学习；如果没有，你可以研究有哪些在线学校，还有它们是否考虑接受你转学。

是的，虽然调整计划会为你的生活增加负担，让事情变得更难，你将不得不改变你努力建立起的常规，但生活是时刻都在改变的，你需要准备好跳出框架思考，这样你的目标就不会在意外发生时被搁置了。

错误 7：没有制定寻求支持的计划。不要害怕寻求帮助！你要与可以提供指导和鼓励的朋友、家人或导师分享你的目标。拥有一个"保障系统"，可以对你保持实现目标的动力产生很大的影响。通常，当你情绪低落时，他们可以对你说些鼓励的话，或者根据他们的经验，为你提供一些建议或窍门。

如果你不告诉朋友和家人你的目标，他们有时就可能会给你添乱。如果你不告诉经常和你一起吃晚饭的朋友，你正在努力减肥或多吃蔬菜，他们就可能会给你一顿高热量或完全不含任何绿色食物的晚餐。他们并不是想破坏你的计划，因为他们只是不知道你的目标是什么，从而无法通过配合你的膳食计划来帮助你实现你的目标。

通过分享你的目标，你就可以经常从亲友那里取得实用的建议和帮助。让身边的人知道你需要什么，还有你正在尝试做什么，有助于他们理解为什么这个目标对你如此重要。

错误 8：让挫折阻碍你保持专注。挫折是生活的一部分，遭遇挫折并不意味着你失败了，不要放弃，而是要从挫折中吸取教训，继续前进——要把挫折当作自己成长和进步的机会。

有时，弄清楚什么行不通，这一点是很重要的。也许你发现自己去健身房健身的目标之所以失败，是因为你发现自己在别人面前锻炼时会感到尴尬。没关系，你可以借此机会规划好如何在家锻炼。网上有数以千计的视频可以帮助你做到这一点，甚至无须购买任何花哨的健身器材。另外，这样做对你还有额外的好处，比如你不用再浪费时间开车往返健身房了，而且，即使你时间紧迫，你也没有理由不锻炼了。

错误 9：没有在细节上反思进展。你要定期审查自己的目标，并评估自己的进度。你正朝着正确的方向前进吗？你可以进行哪些调整、改进？反思有助于你对自己的目标保持专注，在实现目标的过程中做出必要的改变。这是一个很好的机会，可以让你发现你所设定的目标是否仍然是你真正想要达成的。也许你之前看中了公司中的某个领导岗位，为此，你通过承担更多责任而取得了进步。在这个过程中，请你认真思考一下，你真的喜欢担负额外的责任吗？如果你看到这个领导岗位将带来的一切，包括你还没有做过的事情，它仍然是你想要的吗？也许你会意识到，虽然你喜欢为一个团队设定愿景，但你不喜欢严厉训斥那些没有完成好分内工作的人……这对你晋升领导岗位的目标意味着什么？如果这个目标需要改变的话，你需要改变什么？

　　错误 10：没有专门庆祝成就。当你实现了一个阶段性目标时，应当花点时间庆祝，奖励一下自己。庆祝获得的成就可以增强你的信心，激励你实现新目标。请记住，你应该为自己的成就感到自豪！是时候给自己开个庆功会了，极有可能的是，那些与你分享成绩的朋友、家人和导师，正想和你一起庆祝呢！

第 5 节
具体法则：现实生活中的例子

达伦

达伦想回到学校。他勉强从高中毕业后，就被困在一份没有前途的数据录入工作里。不过，他喜欢数字，梦想着成为一名会计师。生活中，他没有得到很多人的支持，因为他们中的大多数人都知道他在学校的表现有多差。他和老板谈起了他的梦想，老板主动提出给他写一封推荐信，帮助他抵消糟糕的平均学分绩点……

达伦为自己设定了分步实现的目标：第一步是花 3 个月时间找到一所开设他想学的课程的夜校，从他家到这所学校的车程要在一个小时之内。他还研究了在线课程，这种授课方式可以使他拥有更灵活的日程安排。3 个月后，达伦与三所当地学校和两所远程学习学校的招生人员进行了交流，他们都表示，只要他能在美国高中毕业生学术能力水平考试（即美国高考）的数学部分取得高分，并有现任老板的推荐信，就可以对他不佳的平均学分绩点采取灵活态度，给予他学习的机会。

达伦接着开始了第二步，他报名参加了3个月后的美国高考，并为此参加了两门在线课程来备考。他的姐姐也会时不时地为他提供帮助，这让他感觉很好，因为姐姐足够相信他，让他愿意为考试付出努力。达伦参加美国高考后，他的数学成绩足够高，可以让他进入他曾经交流过的任何一所学校去学习。

达伦向这几所学校提交了申请，老板也向这些学校提交了推荐信。达伦知道老板擅长写作，也了解并支持自己的目标，于是，他请老板帮忙校对自己的申请文书。老板给他提了一些中肯的修改建议，达伦按照要求修改后就把文书发给了学校。达伦对修改后的文书充满信心，认为这是他能做到的极致了。

两所远程学校和一所当地学校都接受了达伦入学的申请。达伦列出了每所学校的利弊清单，其中的要素包括学校的成本、声望、可以取得学位的时间、灵活性、交流机会，以及他能想到的所有其他东西。然后，达伦与老板、姐姐讨论了他所分析的利弊。他们都决定将其中一所远程学校从名单上删除，因为它的费用比另一所要高得多，却没有相同的在线交流机会和良好的声誉。

姐姐和他一起参观了当地大学的校园，这是一次非常激动人心的经历。达伦喜欢那里，因为在那里不仅有很多机会与教授和其他学生互动，还能体验那些以前他从未有机会做的事情。遗憾的是，他必修的一些课程只在白天开课。

达伦与老板讨论了这些事情，老板表示，他可以答应达伦远程完成最多 50% 的工作，这样他就可以抽出时间去上白天的课了。最终，达伦决定就这样兼顾工作和学业。

5 个学期后，老板让他在公司的会计部门从事一份入门级的工作。取得会计学位后，达伦又获得了两次晋升。如今，他成了公司会计部门的负责人。

达伦原本只是有一个目标，然而他把它变成了一个计划，然后，又把它分解成可控的拥有最后期限的小目标，他还得到了老板和姐姐的帮助，让他的梦想得以成真。

凯特

凯特当时 32 岁，在 25 岁左右时，她生了她的两个孩子。生了二胎后，她比上大学时重了 30 磅。虽然她的丈夫似乎并不为此感到烦恼，但凯特还是花了 6 年时间试图减掉这 30 磅的体重，不过一直没有成功。她尝试了无数次的速成饮食法从未奏效。每到新年之夜，她新立下的减肥计划看起来都比上一年更像一个笑话。

为此，凯特决定认真减肥，把减肥计划具体化。她的体重偶尔会有三四磅的浮动。因此，她不再根据体重秤上的数字，而是基于其他东西制定目标。

凯特的目标是 30 天内将晚餐的食物量减半。因为她之前尝试过太多的时尚饮食法，却都没有成功，这让她对无休止的测量和计数感到沮丧，她决定不再走这条路，而是把晚餐使用的餐盘换成了只有原来餐盘一半大小的甜品盘。对于盛甜品的餐具，她把原来的甜品盘换成了一个小酒杯。

在实行计划的前两个晚上，5 分钟内就结束了的晚餐让凯特感到有些沮丧。为此，她向一位朋友抱怨。这位朋友告诉她，大脑需要 5 分钟以上的时间才能产生饱腹感，然后才会给人们发出停止进食的信号。朋友还建议她慢慢来，吃饭要细嚼慢咽，而不是狼吞虎咽。

第三天晚上，凯特没有与丈夫和孩子一起在电视机前吃饭，而是把孩子们送到自己父母家过夜，并在餐室为自己和丈夫安排了烛光晚餐。浪漫的气氛引发了夫妻间的交谈，凯特吃得更慢了。她还专注于品尝每一口饭菜，其间，她发现，小口和大口吃饭尝到的味道是一样的。她没有在 5 分钟内仅用 10 口就吃掉自己的晚餐，而是将吃饭的过程延长至 40 分钟，用 30 口吃完饭。最后，她感到既充实又满足。

第四天晚上，回到餐室时，她复制了小口慢吃的成功经验，这个方法又奏效了。当 30 天结束，她再称重时，发现自己减掉了 7 磅的体重。

次日，凯特给自己买了一件新衬衫以示庆祝。她还设定了一个新目标：将午餐摄入量也减少一半。最初几天，凯特实现这个目标的过程有些困难，不过并不像实施晚餐计划时那么糟糕，因为她现在有了一些经验。在接下来的 30 天里，她又减掉了 5 磅的体重，这是她多年来最瘦的时刻，因此，她买了一件新裙子来庆祝目标达成。丈夫带她去了一家非常好的法国餐厅吃晚饭，凯特还把一半的饭菜留了下来，当作第二天的午餐。

接下来，凯特在减肥计划中又增加了一个新步骤——她给自己定下了持续 30 天，每天早上步行 20 分钟的目标，而这意味着她每一天都要早起。虽然前几个早上，她感觉早起锻炼有点吃力，但到了第四天早上，她意识到散步后自己的精力更充沛了。接下来的每一天，她都比前一天感觉更好一点，她能够走得更轻快，在 20 分钟内走得比前一天更远。

月底的时候，凯特惊讶地发现自己又减掉了 12 磅的体重，她离达成最终的减肥目标只剩下 6 磅了。在丈夫的建议下，她为接下来的 30 天设定了一个新目标，即每周增加 3 次 10 分钟的负重训练。到了月底，她不仅减掉了最后的 6 磅，而且比怀上第一个孩子之前更加健康、美丽了。为了庆祝这一胜利，她和丈夫进行了一次为期三天的游轮旅行，在游轮上，她还像模特一样穿上了自己全新的比基尼泳衣。

乔治和安妮

虽然乔治和安妮婚后一直想买房，但是，直到他们的 10 周年结婚纪念日，他们仍然没有攒够房子的首付。沮丧之余，他们决定将其作为来年生活的首要任务，并设定了在 12 个月内存下 20 000 美元的目标。这个目标对他们中的任何一个人来说，似乎都过于宏大，可他们还是下定了决心，要想尽一切办法去完成它。为此，他们制定了一个计划，并将其分成了几步。

第一步，他们花了一周时间一起检查每月的预算，彻底弄清楚了对他们来说什么开销重要，什么开销不重要。经过多次讨论，他们取消了三项流媒体服务、两项付费游戏应用和其他四项他们并不真正需要的自动续订服务。这样，他们就能够在下周将当月省下来的 150 美元存入新办理的存折中。

第二步，他们仔细研究了家庭的食物预算，最终与另一对夫妇在一家大型廉价商店分享了一个会员账户，这对夫妇也跟他们一样，希望更好地节约浪费在餐馆、外卖和当地价格过高的杂货店上的费用。他们意识到，光是节约食物开支，他们每个月就能节省近 500 美元。12 个月的时间过后，这些钱加起来将大于他们既定目标总额的三分之一！

在成功的鼓舞下，他们进行了更深入的挖掘。虽然找到了其他一些可以缩减开支的小事项，但是他们已经来到了需要增加收入才能实现存钱计划的阶段。于是，乔治和安妮都决定在接下来的两周内去找他们各自的老板，并找到了支持老板给他们加薪的理由。

安妮的老板最终同意了加薪，虽然幅度不大，但也能在一年中为他们的存折增加近 2000 美元的储蓄。而乔治的老板告诉他，公司没有预算给他加薪。于是，乔治制定了另一个计划：给自己 60 天的时间，在一家与他现在工作的地方类似的公司找到一份薪水更高的工作。

于是，他们便开始行动起来。乔治让安妮帮助自己寻找工作机会、投送简历。他确实找到了一份新工作，最终能为他们的首付基金增加 4000 美元——这份工作还为他提供了一个在一年内晋升的潜在机会，当然，这是一份额外的收获。

此时，他们还有 9 个月的时间来寻找其他的收入来源，以赚到 6800 美元，从而达成他们的目标。他们开始研究他们的所有技能及可以赚钱的其他兼职。乔治喜欢烘焙——这是他的爱好，也可以让他感到放松。乔治的朋友和家人经常建议他售卖蛋糕和面包，考虑到这一点，乔治给了自己 30 天的时间来找到一种在当地销售烘焙产品的方式，这种方式将不需要使用专业厨房，也不会干扰他的正常工作及与安妮共度的时间。

乔治发现了当地的一个农贸市场，那里还没有人出售他制作的同类型的美食。他让身为平面艺术家的安妮为他的新业务制作了一个标志，并打印了一批标志、名片和贴纸。他花了几个月的时间来真正了解消费者和他们的需求。从他正式营业的第三个月开始，每个星期六，他都可以从烘焙生意中赚取 100 美元。一年下来，他总共能为购房基金挣得将近 2900 美元。

受到丈夫新业务的启发，安妮加入了一个在线自由职业者网站，并在 5 个月的时间里找到了三位需要为他们的儿童读物绘制插图的客户。他们付给她的钱，足以让夫妇二人超额完成年底前积攒 20 000 美元的目标。他们通过找房子来庆祝他们的 11 周年结婚纪念日，并最终为自己找到了完美的新房，几个月后他们就能够搬进去了。

他们设定了一个具体目标，制定了实现目标的详细计划和步骤，并真的在一年内实现了他们过去 10 年都无法实现的目标。

第 6 节
骑在改变的自行车上

如果你学会了如何养成一个新习惯，并持续地在生活中去养成新习惯，就会对你的改变和成长产生很大的影响。让我告诉你一个很酷的养成新习惯的方式，叫做6%俱乐部[①]，它可以帮你一把：从本质上来说，这种方式就是想象 6 个你钦佩的人，思考他们在某种情况下会做什么，这就像让你在脑海中拥有了一个很棒的导师团队一样！

想象一下，你正在尝试吃得更健康，而你知道你最喜欢的篮球运动员总是在一场重要的比赛前吃一顿均衡膳食。你可以假装他是你俱乐部的 6 个成员之一。当你想要决定晚餐吃什么时，可以问自己："我的篮球偶像会选择什么？"这可以帮助你做出更健康的选择，从而养成良好的饮食习惯。

一旦你用这个方式养成新习惯并取得了成效，你就会自我感觉良好。它给你一种自信，让你相信自己将来可以实现更多

---

① 本节中"6%俱乐部"含义与前文稍有不同。——编注

的目标。就像你第一次骑自行车时一样——起初，你可能会感到摇摆不定，然而随着练习增多，你就会逐渐掌握了骑行的窍门，并因此变得越来越自信。养成新习惯也是如此，一旦你看到一个目标成功，就会意识到你有能力在生活中做出更多积极的改变。

诀窍在于重复。要养成一种新习惯，你要做的是在接下来的 30 天一直坚持这种新习惯。如果你连续 30 天坚持一种新的常规，你大脑中的神经通路就会发生改变，开始慢慢适应这种新的常规。这意味着在大约 4 个星期或 1 个月的时间里，你会开始看到你坚持的积极影响。这段时间足够长，可以让你注意到坚持的好处，又不会长到让你失去动力。

让我给你们讲一个关于美国航空航天局太空计划的故事：在太空计划的早期，参与计划的科学家们想了解宇航员在太空失重环境中的感受和想法。因此，他们进行了一项实验：他们让宇航员戴上特殊的护目镜，使这些宇航员看到的一切都是上下颠倒的。你能想象吗？无论白天还是黑夜，即使睡觉时，宇航员们也必须一直戴着这些护目镜。

起初，宇航员们感到了焦虑和压力，他们的血压更高，呼吸也变得更快。然而，随着时间的流逝，不可思议的事情发生了：在第 26 天，一名宇航员突然又看到了正常的世界，尽管他还戴着护目镜。在第 26 天到第 30 天之间，其他宇航员身上也发生了同样的事情，就像变魔术一样！

由此，科学家们发现，大脑需要大约 26 到 30 天的持续练习，才能开辟新的神经通路，让人的思维方式发生改变。因此，如果你想打破旧习惯，培养新习惯，让这个新习惯持续整整 30 天非常重要。否则，不知不觉中，你就可能会回到之前的老路上去。

我希望你记住，一次只选择一个目标去达成很重要，这样你就不会因为要关注的目标太多而让自己不知所措了。想象一下，你既想提高你的阅读技巧、又想让自己的生活更有条理，还想吃得更加健康——这可能涉及很多事情的处理。相反，如果你只选择一个目标来关注，事情就容易多了。也许你可以先从多读书开始，你可以把你最喜欢的作家想象成你的俱乐部成员之一，想想他们会做些什么来腾出时间阅读。通过一次专注于一个目标，你可以全神贯注地去做这件事，进而增加你成功的概率。

一旦你成功培养了一个新习惯，你就可以继续使用这种方式来实现更多的目标。就像学骑自行车一样，你一旦学会了如何保持平衡，就可以骑得更快、更远。同样，假如你成功养成了一个习惯，养成更多好习惯对你来说就会变得更容易。例如，如果你已经通过想象你喜欢的作家如何抽出时间阅读，成功地养成了阅读的日常习惯，那么，你接下来就可以通过想象一个健身专家作为你俱乐部中的一员，从而养成每天早上做一次简单锻炼的习惯。

使用 6% 俱乐部的方式，你不仅可以养成新习惯，还可以为自己的个人成长打下坚实的基础。你养成的每一个好习惯，都会促进你信心满满地接受新的挑战，最终给你的生活带来巨大的改变。

第三部分
你的生活即将改变

要注意。要负责任。
要对改变你的人生道路持开放
态度。

第七章

6% 俱乐部的建议和忠告

　　自我控制，管理预期，确定优先事项，掌控大脑，这就是你成为 6% 俱乐部一员的方法。你已经学会了如何设定目标，如何让你的大脑不偏离目标，如何让自己专注于要完成的目标，以及更多关于提升你的工作和生活方方面面的水平的方法，从而成了能够进入 6% 俱乐部的那种人。

　　让我们来谈谈这些方法的其他用法，即你不仅可以利用自我控制、管理预期、确定优先事项和掌控大脑，让自己长期待在 6% 俱乐部，还可以利用它们来改善你的生活，还有你与自己、目标和他人的关系。

第 1 节
20 分钟规则

虽然你可以做到你生命中最神奇的事情，也可以始终待在 6% 俱乐部里，但如果你有发脾气的倾向，这一切就都毁了——就这么简单。

这本书中的很多内容都是关于自我控制，也就是如何训练你的大脑的。你正在学习如何控制你的习惯，而你在其他人身边时的自我控制——即使在最难以保持自控的时候——也没有什么不同。

你有多少次对某人——无论是你的孩子、爱人、家人还是同事——失去耐心，说了你不该说的话，做了你不该做的事，写了你不应该写的东西，通过短信或电子邮件发送了你后来感到后悔的内容……

我知道，在事情充满挑战的时候，保持冷静确实很难。许多年来，我一直在为此苦苦挣扎。你知道这是什么感觉——生活充满挑战，你可能会生气、疲倦、饥饿，或者只是到了情绪爆发的临界点，然后就发生了考验你耐心的意外之事：孩子们或狗把干净的地毯弄得到处是泥；在你已经快要迟到的情况下，汽车轮胎却漏气了；你的伴侣忘记告诉你，有一个邀请了你俩参加的活动，而它还有一小时就开始了；学校打电话通知你，你的孩子与另一个孩子发生了争执；有客户威胁要改找你的竞争对手，除非他们现在就能得到专属服务；你的同事正在打私人电话，而不是处理你们当天下班时就要到最后完成期限的合作项目；有时有人只是用异样的眼光看你……

于是，你发火了：你对孩子们大喊大叫，威胁他们永远不让狗再进屋；你一边踢轮胎一边哭，想知道你的伴侣上个月是否真的支付了你的汽车保养账单；你对伴侣大喊大叫，因为他在没有征求你意见的情况下给你安排了事情；你告诉校长，如果你的孩子没有一个糟糕的老师，就不会有任何问题；你告诉那个客户，让他走人，因为你不需要他这单生意；你向老板告发了同事，抱怨他在工作时打私人电话；你把所有的挫败感都发泄在给你异样眼光的人身上，即使他们只是想告诉你，你的牙齿上有一块生菜……你已经受够了，别人应该感受到你的愤怒！

你需要了解为什么会发生这种情况：在大脑中，有两个部分是你需要注意的。

第一个部分是前额叶皮层。它是你大脑的一部分，你用它制定战略、思考和解决问题，还用它控制你的冲动。这是你生活中"负责任的司机"。

第二个部分是杏仁核。它位于你大脑中的边缘系统中，从进化的角度来看，它是你大脑中最古老的部分。该部分负责你的本能行为、冲动行为和"战斗或逃跑"模式。这个部分是为了生存而存在的，可在日常生活中的许多情境里，它就是你生活中的"醉酒司机"。为什么？因为当你处于压力之下时，你就有发生所谓的"杏仁核劫持"的风险。

在你压力过大（比如，因为你今天过得很糟糕；你饿了，感到筋疲力尽；你的耐心耗尽了，或者经常是所有这些事情同时发生），导致你以理性的方式应对压力的能力受到损害的时候，"杏仁核劫持"就会发生。这会导致你在潜意识里认为自己受到了威胁，从而做出过度情绪化的反应。换句话说，你的杏仁核接管了你的判断，不让前额叶皮层来主导大局。"醉酒司机"控制了局面。

这些事情一直在人们的大脑中发生，而且一旦发生，就会破坏人们工作和生活中的关系，导致他们做出糟糕的决策、令人尴尬的行为，以及留下后来的很多遗憾。

我有一个工具，可以为你提供很多帮助。毕竟，你不想在做了所有这些出色的工作、进入 6% 俱乐部之后，在收获你辛勤工作的果实之前亲手搞砸这一切。我不仅一直在使用这个工具，还教会了全球的顶级商业领袖们使用它。

它叫做"20 分钟规则"。

当你觉得自己要发火时，20 分钟规则就会发挥作用。当你的呼吸越来越急促，血液在沸腾，脸颊变得越来越红时，你就要对自己说："完了，我要发火了。"

因为你已经有足够的经历，知道自己情绪马上就要失控的感觉是什么样的，所以，与其留在让你发火的情境中，给自己的情绪火上浇油，不如将自己从这种情境中抽离出来——请你找个借口暂时离开，去别的地方从事别的活动吧。

你的身体需要大约 20 分钟才能恢复到平静状态，这意味着你的前额叶皮层会重新控制你的行为。在这段 20 分钟的平复时间里，你需要远离让你情绪失控的情况和人。

应用 20 分钟规则意味着，当你觉得自己即将发火的时候，要立即做以下三件事：

认识。你不仅要认清自己的状态，还要意识到自己马上就要发火了。你知道自己即将情绪失控的迹象，因此不要等到事情发生了才采取措施。在你感觉到发火的迹象出现的那一刻，要让自己对这一点有所察觉。

抽离。你要让自己从这种情况中抽离出来，站起来去别的地方待 20 分钟。其间，做一些对你身心健康有益的事，比如喝水、喝茶、打电话给你爱的人，或者到外面呼吸新鲜空气，这将有助于你冷静下来。为了让自己避免做出失控的行为，你可以使用像"让我考虑一下"这样的表达方式。没有人会因为你这么说而生气，这是一种非常有礼貌的表达方式，基本上可以终止让你情绪产生巨大波动的谈话或者情形。

有时，由于位置、情况或在场的人，你不可能立刻离场。如果遇到这种情况，你仍然需要在情绪上保持克制，不要说不该说的话，不要做不该做的事，或者写不该写的东西。说"让我考虑一下"或类似的话仍然是得体的，这样可以向在场的其他人解释为什么你不再说话，并能给自己时间冷静下来，让你的杏仁核离开主导位置。如果你被困在这种情况中，那么有可能的话，你仍然要试着找到一种方式来让自己平静下来，比如喝一些水或茶，均匀地深呼吸，或者重温让你感到平静、快乐的美好回忆。

调整。20 分钟后，你就可以回到之前的情境中，因为你知道自己现在正在前额叶皮层的主导下工作。请记住，它是你的大脑中可以让你做出最佳选择的一部分，而 20 分钟是你的大脑切换主导部分所需的最短时间。你也可以在几个小时后或第二天返回之前的情境。

第 2 节
镜像规则

有一天，我女儿放学回家后告诉我："老师说我们随时都可以去找她，她还说：'我的门永远为你们敞开着。'"然后我女儿压低了声音，果断地对我说："只是，我永远都不会去找她。我们的关系还没好到那种程度。"

我心里想："空口白话。"我经常听到这样的话：

你可以和我谈任何事情。

你知道我在乎你的事。

我保证，我不会生气的。

这是一个安全的空间。

我的学生 / 员工始终是重中之重。

所有这些都是空口白话。如果你想让别人对你敞开心扉，你又有没有对他们敞开心扉呢？如果你想让别人开诚布公地和你说话，你是否也开诚布公地和他们说话了呢？如果你想让别人支持你，为你付出额外的努力，你是否也为他们付出了额外的努力呢？

这就是镜像规则，它非常简单——无论你想从别人那里得到什么，你都需要先做到推己及人。

你想让他们关心你吗？请先开始关心他们吧！

你想让他们喜欢你吗？那么你会去喜欢他们吗？

你觉得他们对你不够友善？那么你对他们友善吗？

无论你想看到对方做什么，都要从你自己做起。同样，这就是确定优先事项的重要之处：你是想感受茫茫大众的爱，还是想与某些关键人物建立联系？这些关系对你有多重要？它们在你的0—10量表系统中排名如何？是时候对自己坦诚相待了。

我的意思是，显然你想做个好人，也想尽可能公平和善良地对待他人，可这并不意味着你必须花费过多的时间和精力，来确保你每天遇到的每个人都喜欢你。与他人日常互动的时候，举止得体大方就可以了。请你把精力花在那些与你互动更频繁或关系更深的人身上。

只参加周末研讨会的教师，不会像与一群学生一起度过整个学期或·年的教师那样深入地与学生保持联系。尽管如此，学生尽可能真诚并敞开心扉地接受其后续指导并没有什么坏处。

在早上为你制作咖啡的咖啡店员，可能知道你喜欢哪种口味的咖啡，他们应该得到小费和你友好的微笑，而半个小时推心置腹的讨论，可能更适合与每天在你旁边工作 8 个小时的女人进行，她和你一样，有很多同样的挫败感或者希望。

　　我确实理解，在某些情况下，你尽力付出了，却没有得到相应的回报。这没关系！请把你的善意和宝贵能量收回来，将其投入其他让你能得到回报的地方。无论如何，你要从自身开始——你总是需要从自身开始。当事情没有解决时，你也要首先自我反省，然后再指责对方，并明确指出他们做错了什么。

第 3 节
100 美元钞票效应

　　假设我和你一起工作，或者住在同一个社区，请你想象一下，如果我告诉你："嘿，我有一堆 100 美元的钞票要分发。如果你来和我打招呼，我就会给你一沓！"你会来和我打招呼吗？我想你会的。

　　你知道吗？每次你给某人真诚的赞美，都会触发对方大脑中的奖励中心——与收到钞票时大脑中被触发的区域是同一个。这相当于你每天都储备着一沓百元大钞，可以把它们送出去。由于它们其实是你对他人真诚的赞美而不是实际的钞票，你的账户不会因此有任何损失。

　　就像如果你知道我在不停地赞美别人，你就会找到我并与我互动一样，你也会乐于与一个会真诚赞美他人的人互动。在本书前面的章节中，你了解了人们如何被不断地告诉他们做错了什么的人包围，然而当前者做对了什么事时，后者很快就会将之忽视或不予理睬。遗憾的是，大多数人身边这样的人很多，而能提供真诚赞美的人却很少。

很多时候，我会要求听我演讲的听众或与我一起工作的团队成员给我举一个例子，说明他们在过去一周里给某人的真诚赞美。我看到的是，满屋子的人都在挠头，试图想出一个例子——有时他们也能找到一个。

我所说的真诚赞美，不是"我喜欢你的毛衣"或"发型不错"之类的。虽然这些赞美也很好，但是，对于大脑的奖励中心来说，它对这类赞美的兴奋程度只相当于得到一分钱——这类赞美不像取得一大沓钞票那样刺激大脑。我所说的真诚赞美，是指你告诉某人这样的事情：

"我必须告诉你，你在帮助我解决问题的时候是多么了不起。当你做某事的时候，你是如此的足智多谋！"

"我喜欢你在这个项目上所做的工作，就是你与某某一起做的那些工作。简直太棒了！"

"我从来没有遇到过比你更擅长处理客户投诉的人。你总是那么温和、真诚，你让我自叹不如。"

"你真的是神奇女侠！你可以如此从容地同时处理这么多事情，我超级佩服你！"

"你是我见过的最有创造力的人之一，我很高兴看到你制定出的解决方案。我很想在某个时候向你请教。"

我所指的赞美，是针对别人已经做过、付出过努力的事情的赞美，或者对他们作为一个人的品质的赞美，而不是对他们的外表或与他们拥有的东西有关的赞美——请深入挖掘你给予他人的赞美，超脱于表面功夫。他们会对此心存感激，而换成你也一样。

如果你花时间去做这件事，你就同样是在花时间真正思考和评估对方的长处。这可能是一种非常宝贵的工具，特别是当你处于领导岗位，或未来需要具有相应长处的人的时候。如果你已经专注于弄清楚你周围的人的长处，那么你就会知道，当你需要这些才能时可以求助于谁。

就像当你四处分发成堆的现金时，你就会变得非常受欢迎一样——如果你被认为是总在给予他人真诚赞美的人，那么每个人都会想取悦你，并为你付出额外的努力，因为你是给予他人"价值100美元的赞美"的人。他们生活中有太多的人告诉他们做错了什么，因此他们宁愿专注于你，取悦你，为你付出额外的努力，因为你不仅能看到他们有多棒以及他们有多努力（终于有人看到了），还让他们自我感觉良好。

当你谈到真诚的赞美时，你也在谈真诚。假如你给某人真诚的赞美，就会激活他们大脑中的奖励中心，赞美带来的积极的感觉会让他们的大脑释放出多巴胺这样的化学物质，从而提振他们的情绪和自信。然而，这里有一个问题：如果你的赞美是装出来的或不真诚的，对方也可以感觉到，而且这不会对对方产生积极的影响。事实上，虚伪的赞美甚至会让对方感觉更糟，因为他们察觉到你的赞美缺乏诚意。

对某人的努力或出色工作给予真诚的赞美还会在你们之间创造一种联结感。对方的心理活动是这样的：如果你这么关注我，能看到我有多努力，而且你在以这种真正积极的眼光看待我，我就会觉得与你的联结更加紧密。

这是利用 100 美元钞票效应的另一大收获：它对你的心理健康也有好处。当你给某人真诚的赞美，不仅会让他们感觉良好，还会对你自己的心理健康产生积极影响。它对你的作用是增强了你的同理心和善意，让你的心态更积极，这会提升你的幸福感、满足感和整体福祉。通过帮助别人，你也在帮助自己。

这种现象背后的科学原理在于镜像神经元。镜像神经元是大脑中的一种特殊细胞，当你观察到别人的行为或情绪的时候，它们就会被激活。当你真诚地赞美别人时，你的镜像神经元就会启动，由此，你会体验到与接受赞美的人类似的积极感觉。这种互动会在你的大脑中创造一个积极的反馈循环，增强你的幸福感和同理心。因此，通过给予真诚的赞美，你不仅可以振奋他人，还可以在此过程中增强自己的心理健康——我想不出比这更加双赢的事了！

第 4 节
流血者类比

想象一下，你看到一个人倒在你面前，从头到脚都在流血，地板上一片血泊。

你会对这个人说："对不起，先生，你把事情搞得一团糟。另外，我正在这里做事，我的工作完全被你打断了。你介意离开这里吗？"

谁会这么做？

你会立即呼救，用柔和的声音与那个人交谈，并告诉他："我打电话求救了，救援马上就到，你会没事的！"

如果我告诉你，在过去，你几乎肯定会告诉那个人他正在制造混乱并挡住了你的去路，而不是为他提供帮助……你可能会予以否认，说："你疯了？谁会做出如此可怕的事情呢？"

事实是，一直以来，每个人都多多少少做过这种事。

对一个筋疲力尽的人而言，他的心理状态就像在流血一样。问题是，你看不到他在流血，因为心理层面的痛苦是看不见的。

筋疲力尽的人并不友好，也不好对付。筋疲力尽的人往往会变得激动、烦躁、消极抵抗，而且常常不讲情理。

因为你看不到这一点，所以很多时候你在与他们交谈时，没有意识到他们正在你眼前"流血"——不如把他们想象成内部出血吧：虽然你从外面看不到伤口，但在内部，流血的伤口正在威胁着他们，他们需要帮助。

一个筋疲力尽的人，不太可能主动向你承认这一点。他们不会拍拍你的肩膀，礼貌地解释："嘿，我想让你知道我最近很疲惫，我可能会激动、烦躁、消极抵抗或不够友好，我只想告诉你一声。"

这种事永远不会发生。你知道为什么吗？这是因为他们过于筋疲力尽，以至于他们甚至没有意识到自己已经筋疲力尽了。他们光是为了熬过这一天就已经够辛苦了。他们处于完全的"生存模式"中，没有足够的精力来提前警告别人，并为他们随后的行为道歉。

因此，当你与一个激动、烦躁、消极抵抗和不够友善的人打交道时，不要与之陷入冲突。你要告诉自己："这个人现在正在我面前流血，我需要以最富有同情心的方式与之打交道。"根据他们的发作程度，你可能需要执行 20 分钟规则，让自己从这种情况中脱身，不过请记住，一定不要恶化形势或进一步伤害已经在你面前"流血"的人。

　　如果"流血"的人是你自己，请你一定要注意。倦怠会破坏你的6%俱乐部之旅。你在倦怠时更需要能量——要设定边界，守护你的时间，守护你的能量。每天，你都要做一件能充实你的大脑，滋养你的灵魂，照顾你的身体的事，这些都有助于你预防倦怠。很多人忙于照顾别人，却忘了照顾自己。要每天提醒自己，你很重要！你需要你的精力、注意力和宝贵的时间来专注于最重要的事情：你的未来。

第 5 节
多米诺骨牌效应

我知道你对加入 6% 俱乐部感到兴奋，并且正在考虑很多你想做的事情。你可能有满满一清单的现在就想去实现的目标！虽然这很好，但实际上，我希望你采取稍微不同的方式。

我希望你在 30 天内仅仅着眼于实现一个目标，原因在于：在设定目标时，一次只关注一个目标，而不是同时关注很多或者几个目标，这不仅在科学上有益，还可以帮助你避免感到不知所措。人的注意力是有限的，就像计算机的内存有限一样。如果你试图同时实现多个目标，大脑资源就会被分散，使你更难集中注意力做事，导致更难有效实现任何一个目标。在你处理生活中其他事情的同时，还要持续 30 天专注于众多目标中的每一个，这本身就会消耗你大量的精力。通过只选择一个目标，并将你的精力和资源投入这一目标中，你可以大大增加自己成功实现这个目标的机会。

这种持续 30 天的坚持，会加强你大脑中与该目标相关的神经通路，而将注意力分散到多个目标上会造成大脑更难形成和强化这些习惯。

不要用太多目标压迫自己的另一个原因是，压迫自己会导致你的压力和焦虑水平增高。大脑一般会将让人不堪重负的情况视为威胁，从而触发皮质醇等压力激素的释放。这会对你的认知能力产生负面影响，使你更难去实现目标。一次专注于一个目标，降低压力水平，让大脑发挥最佳状态，这才是你在实现目标的过程中所需要的。

养成一个习惯不会完全改变你的生活。可是，如果你在接下来的 30 天内养成另一个好习惯，同时保持第一个呢？如果再在第二个 30 天内养成一个，同时保持第一个和第二个呢？

想象一下，4 个月内，你能养成 4 个新的好习惯。现在，你正非常自信地迈向未来。这是一个全新的阶段，一个成为更好的自己的过程。

这就是改变的意义所在：你已经厌倦了旧习惯，准备好迎接新习惯了；你正在摆脱旧生活，为新生活做准备——你正在成为你一直想要成为的人！

许多人刚开始就放弃了。
你不会这样做。现在不会。将来
也不会。
要继续前进。
你的生活、成功和幸福
就掌握在你手中。

第八章

欢迎来到 6% 俱乐部

我知道，你为自己能加入 6% 俱乐部，而且已经开始采取行动改变自己而感到兴奋！我想确保你在加入 6% 俱乐部的初期拥有最佳的体验。这就是在本章中，我告诉你在 6% 俱乐部的第一天该做什么，还有第一个月该做什么的原因。我还将回答你在行动中可能会遇到的一些其他问题。准备好了吗？欢迎来到 6% 俱乐部！

第 1 节
加入 6% 俱乐部的第一天

既然你已经知道了在任何事情中——你的工作、健康、金钱、心理、人际关系，或者换个说法，你的未来——做出真正改变的秘诀，那么是时候开始行动了。既然我们已经谈过了采取行动的重要性，那么今天就是你开始采取行动的日子。

我知道，万事开头难，甚至有些事的开头还有点可怕和令人不舒服。虽然你已经习惯了自己原本做事的方式，而且这种方式让你感觉既安全又熟悉，但是在 6% 俱乐部里，机会比恐惧更加重要。这是一个真正可以让你充分活出自己，成为你一直想要成为的人的机会。如果你的舒适区阻止你在事业、金钱和健康方面，最重要的是，在你自己的幸福和成就感方面，得到你想要的东西，那么它带给你的便不是真正的舒适。

你知道大脑会害怕成功吗？这与大脑工作的方式有关！科学家们发现，大脑的不同部分，如杏仁核和前额叶皮层，对你如何面对成功发挥着重要作用。杏仁核是你大脑的恐惧中心，它可以让你感到害怕或焦虑。一旦你想到成功，你大脑的这一部分就会变得过于活跃，让你感到害怕或缺乏信心。

大脑的另一部分，即前额叶皮层也会参与其中，它可以帮助你做出选择和考虑风险。有时，如果你大脑的前额叶皮层过于活跃，它就会让你过于关注成功后可能发生的坏事，让你感到更加害怕和缺乏信心。

大脑中被称为多巴胺和血清素的化学物质也会影响你对成功的感觉。多巴胺是一种带来快乐的化学物质，当你取得成就或想到取得奖励时，它会让你感觉良好。然而，如果你害怕成功，大脑就可能无法释放足够的多巴胺，从而让你把成功看作可怕的事，而不是好事。血清素是另一种影响情绪的化学物质。如果你的血清素水平不平衡，你就会感到焦虑和害怕，从而导致你对成功的恐惧。

不过，好消息是：通过了解大脑的工作机制，还有你为什么可能害怕成功，你就可以学会改变自己对成功的感受。与人交谈或练习正念等方式有助于改进你的思考方式，使你对成功更有信心。这一切都是为了重新调整你的大脑，让你学会勇敢坚定地拥抱和追求成功！

在加入 6% 俱乐部的第一天，你要做以下三件事：

1. 下定决心，让恐惧再也控制不了你的生活。你要不怕成功，不怕失败，不怕讨人嫌，什么都不怕。

2. 迈开走出舒适区的第一步。请你挥手告别舒适区，待在你现在的舒适区里等同于被困住。

3. 为接下来的 30 天制定一个详细的计划，操作方式如下：

第一步：用一句话阐明你未来 30 天的目标——确保目标尽可能具体、详细。

第二步：用 0—10 规则来衡量这个目标对你有多重要。0 表示完全无关紧要，10 表示非常重要。你要专注于你的 10 级目标。

第三步：详细计划你在接下来 30 天要以不同方式做的三件事，来确保你确实会把这些改变落实到位。你的计划要具体和详细到在何时、做什么、如何做、在哪里，以及持续到什么时候。

倘若你尝试去培养新习惯，你对它的计划越具体、详细，你就越能成功，因为在接下来的 30 天内，你会与自己的大脑作对，你需要遏制大脑将你拉回你的旧习惯，即你大脑中现成的神经通路的倾向。

这里有两件事是你必须要做的：你必须写下你的目标，必须把它们放在你每天都能看到的地方。原因如下：写下目标，将它们放在你每天可以看到的地方之所以重要，是因为它可以帮助你保持专注和动力。如果你写下了你的目标，它就会变得更加真实、有形。这让你能给你的目标一个切实的架构，而不仅仅是把它们留在你的脑海中。每天一看到目标，它就会提醒你要去实现它，从而使你沿着现有的轨道继续前进。它还是一种提醒，让你保持坚定和动力来最终实现你的目标。

请你记住，大脑更喜欢保持原样，即回到你的旧习惯。并且，你的大脑很快就会让你忘记自己的目标，或者忘记与它们有关的一些细节，又或者只是想出每一个可能的借口来拖延采取行动。假如你写下了自己的目标，你大脑的一部分，即网状激活系统就会被激活。该系统就像你大脑中的过滤器，它决定了你要注意哪些信息——通过写下目标并每天查看它们，你就是在告诉自己的大脑，这些目标对你很重要。在这种情况下，网状激活系统会开始关注可以帮助你实现这些目标的东西。因此，写下并每天查看你的目标，有助于训练你的大脑注意到可以支持你实现目标的机会和资源。

写下目标对你有帮助的另一个原因是，它可以提高你的记忆力和认知能力。当你写下一些东西时，你的大脑会积极参与这个过程，这有助于你组织想法，明确目标。这种参与会让你的大脑处于清醒状态，使它更容易记住和确认你想要实现的目标。这就像给了它一张路线图，使它在实现目标时效率更高、效果更好。

每天看到书面目标是一种持续的提醒，在加入 6% 俱乐部的前 30 天内，你需要这样做。这可以增强你的动力和信心，直观地提醒你能够实现什么，以及你需要关注什么。这种持续的视觉提醒，会增强你对自己的信心，还有你实现这些目标的能力，让你每天都能集中注意力，鼓励你继续前进。

要把这个书面的计划贴在你的冰箱上、桌子上、床头，或者把它设为你电子设备的屏幕保护程序，让它总是能出现在你面前。这就是你加入 6% 俱乐部的第一天要做的事情——你刚刚迈出了第一步，我为你感到兴奋。现在让我们谈谈接下来 30 天要做的事。

第 2 节
接下来的 30 天

　　如果你在 6% 俱乐部的第一天要做计划，那么，在接下来的
30 天内，你就要在实施计划时保持一致性。你的目标是每天在
同一时间做同样的事情，以便在大脑中创造一条新的神经通路，
或者加强一条你一直忽视的旧通路。你实施计划的一致性越强，
你大脑中的神经通路——或者说习惯性的常规——就越强。

　　为什么实施计划的一致性很重要呢？因为它可以让你的大
脑和身体习惯于定期做某事。假如你坚持每天在同一时间做同
样的事情达到 30 天，你的大脑就会更容易把它变成一种习惯。
因为大脑喜欢例行公事和固定模式，所以当你坚持做某事时，
你的大脑会开始创造新的神经通路，这会让你的行为变得更容
易、更自然而然。

　　假如你在每天的同一时间做同样的事，就会加强你的脑细
胞之间的联系，这就像在你大脑中的神经元之间架起桥梁，使
信息更容易传播。这些桥梁就是神经通路，即我们一直在谈论
的大脑中的现成的路。因此，若你每天都坚持做同样的事情，

你的大脑便会开始在神经元之间建立与该活动相关的更强的联系。这会使你的大脑更容易记住这个习惯并执行它，且不需要太多努力和思考。

倘若你坚持每天在同一时间做某事 30 天，你就是在训练自己的大脑战胜可能出现的任何阻力或借口。在这 30 天内，你的大脑开始将特定的时间和不可更改的活动关联在一起，因此，即使在你不想坚持的日子里，你的大脑也会提醒你所做的承诺，让你很难逃避或放弃这样做。

不要忘记，倘若你在养成习惯的过程中保持一致，你便会自我感觉良好。保持一致的做法会给你一种成就感，并让你养成自律意识。养成自律意识就像训练肌肉一样，你越坚持锻炼它，它就会变得越强壮。如果你搞砸了，也不要自责，请你回到起跑线，重复同样的事情，持续 30 天即可。

许多人会反反复复地开始又逃避，开始又放弃，而你不会这样做！现在不会！将来也不会！你要继续前进，来到 6% 俱乐部！

第 3 节
针对你做出真正改变的 49 个问题的答复

1. 我每天需要问自己的最重要的问题是什么？

　　每天你都应该问自己一个非常重要的问题："我现在最想要的是什么？"这个问题就像一个指南针，可以引导你找到对你来说真正重要的东西。它可以帮助你专注于自己的愿望，而不是别人对你的期望。

　　如果你每天都问自己这个问题，那么你就会像一个侦探一样寻找自己心底最深处的愿望和梦想，这样你就不会让别人的意见和压力左右你。相反，你会倾听自己内心的想法，这有助于你设定有意义和符合自己真实需要的目标。

　　这个问题还能提醒你，你自己的渴望和梦想很重要。它会让你明白："我的生活是我自己塑造的，我不会只迎合别人对我的要求。"通过定期问自己这个问题，你可以增加自己的自我价值感和信心——请把生活看作一段你可以控制的旅程。

　　这也是一个关于灵活调整目标的问题：你的渴望会随着时间的推移而改变，你以前最想要的东西，可能与你今天最想要的东西并不一样。通过经常问自己这个问题，你可以跟上自己不断改变的梦想。这意味着你可以根据目前对你来说最重要的事情，来适时调整你的目标。

　　这个问题也有助于你对自己的生活负责。它会提醒你，你是自己生活的主人，你要对自己的选择负责。这会让你感到更有实现目标的动力和意义——假如你的目标源于你最想要的东西，你一定会努力实现它们。

　　最后，这个问题可以让你不再将自己与他人进行比较。在社交媒体上，你很容易看到其他人在做什么，并觉得自己必须像他们一样。而通过问自己最想要什么，你可以专注于自己的生活。你不再担心别人的想法，而是开始相信自己。

　　简而言之，"我现在生活中最想要什么"，这个问题是自我探索、自我赋能和设定真正目标的有力工具。它可以帮助你遵循自己的渴望并增强你的信心；它是灵活的，提醒你梦想是可以改变的；它还可以帮助你控制自己的生活，不再将自己与他人进行比较。因此，通过每天问自己这个问题，你将迈出重要的步伐，来让你的生活成为你想要的样子。

　　你要每天问自己：我现在最想要的是什么？这个问题应该

是你设定目标的指路明灯，它会让你专注于对你来说最重要的事情，而不是取悦别人，或去做别人期望你做的事。

2. 如果我感觉自己落后了，我该怎么办？

当你发现自己处于落后的境地时，感到焦虑和有压力是自然的。你即刻的本能反应可能是继续忙碌，拼命试图赶上，然而这可能并不是最好的方式。相反，请你考虑一下如何发挥暂停的力量——暂停并不意味着你必须停止你前进的步伐，它仅仅是让你给自己一点时间来思考、调整和制定策略。这种从被动到主动状态的转变，对你重新取得控制感、减少盲目感至关重要。

人对于落后的第一反应往往是产生紧迫感和恐慌感。你可能会觉得自己在与时间赛跑，拼命地试图赶上，而这种被动反应的模式会增加你的压力和焦虑，使做出清晰、深思熟虑的决策变得具有挑战性。如果你暂停下来，你就给了自己一个机会，让自己可以摆脱这种消极的心态，从而过渡到积极主动的心态上来。

暂停并不意味着你必须坐着不动，除非静坐能帮你调整心态。暂停更重要的意义是，它能按下你当前情况的"重置"按钮。

在暂停期间，你可以进行各种活动——你可以选择去散步，让你的思绪平静下来，或去游泳，让你理清思绪，或者与你信任的人交谈，分享你的担忧，听取他们的建议……

关键是，暂停是你反思和制定策略的过程。这是一个让你重新控制你的生活，重新取得你的自主权的机会。通过花时间考虑你的现状，你便可以就"下一步该做什么"做出更加深思熟虑和行之有效的决策。

这种积极主动的姿态，可以为你带来不可思议的赋能感。你会感到自己不是不知所措地对混乱状态做出反应，而是在掌控局势。你正在分析你的选择，并制订合理的计划，它可能涉及重新确定任务的优先事项、寻求帮助或指导，或者只是花点时间平复心情。

如果你感觉自己落后了，那也没关系。你可以停下来深呼吸一下。请记住，虽然这听起来可能违反常理，但暂停是重新取得控制权的重要一步。它能将你的思维方式从被动转变为主动，让你做出更加深思熟虑的决策——无论你是利用这次暂停安静地反思，从事体力活动还是与别人谈话，关键都是为自己制定战略并规划前进的道路。通过这样做，你会发现自己更有办法应对遇到的挑战，重新控制自己的生活。

3. 我为何什么都做不了？

　　你之所以看似无法取得太多成就，是因为你正在遭受倦怠的折磨。倦怠就像电池的电量完全耗尽了，它让你感到筋疲力尽。当你处于这种状态时，你很难有什么效率和创意可言。而棘手的是，当你深陷倦怠时，你甚至可能没有意识到自己已经处于这种状态了。因此，如果你发现自己很难在一些事情上取得进展，就是时候关注一下自己的状态了——倦怠很可能在影响你，即使你还没有完全意识到它的存在。

　　倦怠会以各种方式表现出来——它会让你感到持续性的疲倦，降低你的动力，让你对任务和目标失去兴趣。它就像一团迷雾，遮蔽了你的想法，削减了你的热情。可悲的是，倦怠的迹象往往会被你忽视，直到它们已经对你的生产力和幸福感造成了负面影响。

　　问题在于，当你深陷倦怠时，你就注意不到它的迹象了，就像疲倦反而会让你不能退后一步，并意识到正在发生什么一样。你会陷入不知所措和疲惫不堪的循环之中，使得做出改变或提高工作效率变得更加困难——这正是及时觉察倦怠对你来说非常重要的地方。

　　因此，如果你在完成工作时遇到困难，那么休息和评估一下自己的现状至关重要。倦怠可能是问题的关键因素吗？鉴于来自现代生活的需求和压力，这是很有可能的——意识到倦怠是你处理它和恢复精神能量的第一步。

倘若你试图提高工作效率或做出改变，克服倦怠是必需的。你将在本书的第七章中找到一些有用的忠告，这些忠告可以为你提供解决倦怠的有效方式。这些方式有助于提高你的精神能量，重新点燃你的激情，帮助你摆脱倦怠的束缚。

战胜倦怠的一种有效方式是自我关怀。这意味着你要照顾好自己，把自己的幸福放在首位。自我关怀的方式包括拥有足够的优质睡眠、好好吃饭和定期锻炼。这也意味着你需要花时间去放松和"充电"，你可以通过练习正念、享受你的爱好或与所爱的人共度时光来做到这一点。自我关怀的目的是增强你的精神和情感力量，这有助于保护你免受倦怠的困扰。

避免倦怠的另一个重要方法是设定边界。在一个总是有人或事在索求你的关注的世界里，节约你的时间和精力至关重要——这意味着你在需要说"不"时，要懂得说"不"，不要做出太多承诺。通过创造休息和放松的空间，你可以防止倦怠发生。

设定明确的目标也有助于你摆脱倦怠。当你有明确的、可实现的目标时，你就更有可能保持动力和专注——你的目标就像一盏指路明灯，告诉你该往哪里努力，也能给你一种目标感。
将大目标分解成一系列更小的、可管理的步骤，会让它们变得
不那么令人不知所措。

因此，在你提高工作效率或做出改变的过程中，避免倦怠
是至关重要的基础。避免倦怠有助于为你的"精神电池"充电，
确保你拥有高效地追求自己的目标所需的能量。通过识别倦怠
的迹象、实施自我关怀、设定边界和明确目标，你可以应对来
自倦怠的挑战，重新焕发活力。这样，你就能够更好地达成你
的目标，并提高你的工作效率。

4. 我如何真正改变自己的生活？

虽然很多人都在谈论改变，但是大多数人都没有真正把做
出改变这件事坚持到底，而这本书就是为此而写的。在生活中
做出真正的改变是一个"成为"的过程，你要成为那种可以说
到做到的人。你通过停下来问自己，现在对你来说最重要的事
情是什么，从而做出真正的改变，并制订一个有最后期限的详
细计划，然后，每天在同一时间重复你要培养的新习惯，坚持
30天。这样的改变对提升你的生活质量和你个人的成长具有累
积效应。你可以在本书第七章的"多米诺骨牌效应"部分阅读
更多有关的信息。

5. 如果不知道自己的目标是什么，我该怎么办？

如果你感到有点迷茫，不确定自己的目标是什么，这里有一个简单的指南，可以帮助你找到自己的方向。就像在生活的喧嚣中停顿下来喘口气一样，这是一个倾听你自己的想法、了解什么对你真正重要的机会。

首先，你要抽空暂停一下。你可以通过悠闲地散步、与关心你的人进行坦诚亲切的交谈，或者只是静静地坐着思考来做这件事。在这段停顿期，问自己一个重要的问题："现在对我来说最重要的是什么？"这个问题只关于你自己的渴望，而不是你的父母、爱人或其他任何人想从你那里得到什么。答案将是你真正想要的东西——你要完成的"10级事项"。

要把你的10级事项当成你最深切的渴望。这是你自己真正想要的，而不是别人期望的东西。有时，在忙忙碌碌的日常生活中，我们会忘记自己真正渴望的是什么。我们陷入了试图满足他人的期望和随大流的困境之中。在那一刻的停顿和反思中，你可以重新与你内心的渴望建立联系。你那可能已经被日常生活的喧嚣淹没了的内心的声音，会开始明确表态——它会告诉你什么对你来说才是真正重要的。

你的10级事项可以是任何东西——追求创造性的成绩、改

变你的职业，或者把更多的时间花在你的爱好上。它可能涉及
找到更好的工作与生活的平衡、增进你与他人的关系，或者只
是更好地照顾自己。你的 10 级事项对你来说是独一无二的。

　　如果你能够拥抱自己的 10 级事项，你就会从试图取悦他人，
转变为专注于自己的幸福。你会开始做出与你最深切的愿望产
生共鸣的选择；你会变得对自己更真诚，以符合自己价值观的方
式生活。你的 10 级事项会成为你的指路明灯，帮助你设定有意
义的目标，让你做出反映自己真正愿望的选择。你不再被别人
想从你那里得到的东西牵着走，相反，你是由自己内心的指南
针引导的。

　　因此，当生活让你感到困惑时，请记住停下来和找到你的
10 级事项的力量。它为你提供了一个指南针，将你指向正确的
方向，帮助你过上有目的的、让你满足的生活。

6. 我有很多目标。但是我该如何开始？

　　有很多目标固然很好，可有时你必须做出艰难的抉择——
就像站在一个十字路口时，你只能选择一条路来走一样，即使
别的路同样充满着诱惑力。

　　虽然你有各种各样的目标想要实现，但你不能同时去追逐

所有这些目标。为了方便起见，你可以使用一种简单的方法来
选择要达成的目标：给每个目标从 0 到 10 打分，取决于它对你
有多重要——那个得分最高的目标，就是你要关注的焦点。

专注于这个最高目标，意味着你要对它投入最多的精力和
资源，就像在浩瀚的海洋中用探照灯照向你选择的目的地一
样——这会使你成功的机会大大增加，因为你可以避免同时做
太多事情。

现在，让我们谈谈将 30 天用于达成你的最高目标。这个想
法基于这样一个事实：把某事变成习惯或朝着目标取得重大进
展，通常需要大约一个月的时间——这个事实在心理学和个人
发展领域广为人知。

这 30 天是一段特殊的时间，让你用来专注于自己的最高目
标。你不必着急，只需稳步前进就行。在这段时间里，你将把
自己的目标分解成更易于处理的一系列小任务。请你把这个目
标想象成一个大拼图，而你要将它分解成系列更小、更易于管
理的部分。这样一来，你便可以更轻松地沿着自己设定的轨道
前行，以此指导你完成每一天的计划——你可以避免分心或偏
离正轨。

在这一个月里，随着每一天的过去，你都会看到自己的进
步，就像看着毛毛虫慢慢变成蝴蝶一样。你每天完成的小成就，

加起来就是大成就。这种进步会让你更加相信，你可以实现自己的目标。

为了使你的承诺更加坚定，你需要制订一个明确的计划，其中包含这 30 天内每一天的日常行动。这个计划可以帮助你规划每天要做什么，这样你就不会偏离轨道了。

通过选择要达成的目标，并确定不同目标的优先级，你迈出了向成功前进的一大步。给你的许多目标打分，并专注于其中最重要的事情，可以让你的目标更加清晰。把 30 天时间花在这个最高目标上，有助于你坚持不懈地去实现它，让你的梦想更接近现实。

7. 我不相信自己。我该如何解决这个问题？

当你在自我怀疑中挣扎时，可以立即采取一些措施来增强对自己的信心。首先，选择一个令人振奋的口号，例如"我正在加入 6% 俱乐部"，并每天重复说出它。这个口号是你的积极伙伴，它提醒你，你完全有能力做出有意义的改变。

你的改变之旅始于第一次成功。一旦你实现了一个积极的改变，它就会为下一个改变奠定基础。随着时间的流逝，这种持续的进步会产生累积效应，让你的信心日益增长，而你日益

220 | 6% 俱乐部

增长的信心则进一步推动了你的成功，创造了一个让你的成长和成就相互促进的良性循环。

这句口号可以成为你的指路明灯，它让你突破自我怀疑，更加相信自己的能力。请记住，你应该坚持使用这句口号。你迈出的每一小步都会增强你的信念，让你走上通往更大的成功的道路。

8. 我觉得人们不相信我。我该怎么办？

如果你周围都是不相信你的人，那么，你就必须要考虑改变你所处的环境了。与你相处时间最长的人，会对你的生活产生重大影响，你会成为身边最近的 5 个人中的平均值。当你把大部分时间都花在那些对你的能力缺乏信心的人身上时，他们的消极情绪就会渗透到你的信念中，你就像吸收了他们的疑虑和不安全感，这最终会侵蚀你的自信心。你处在这个"有毒"的环境中的时间越长，它就越能侵蚀你的自我信念。

这种情况之所以发生，是因为你周围的人会影响你的思想、感受和行动。如果他们不断怀疑你的能力、你的潜力，你就会很自然地开始怀疑自己——这种具有传染性的负能量会逐渐渗透到你的心态之中。

因此，如果你觉得周围的人不相信你，就可以考虑改变环境了。请你寻找那些支持你和相信你的能力的人，让自己处于积极的氛围之中，受到充分的肯定与鼓励。随着时间的流逝，他们对你的信任可以改变你的心态，帮助你重树自信。请记住，你的环境在塑造你和你对自己的信念方面有着至关重要的作用。通过选择与合适的人为伴，你正朝着重拾自信的方向迈出重要的一步。

9. 我为什么总在讨好别人？

一些人之所以总在讨好别人，是因为他们为恐惧所驱使。他们担心，如果他们不能让别人开心，他们就不会被爱或被接受。这种恐惧的力量可能非常强大，以至于他们最终会不惜一切代价来确保自己被人们喜爱，即使这意味着他需要不断取悦他人。从长远来看，这种由恐惧驱动的取悦他人的行为可能是非常有害的。取悦他人的人没有专注于自己的梦想和目标，而是将宝贵的时间和精力花费在满足他人的需求上，这等同于他们搁置了自己的愿望，以迎合其他人的需求。

这种不断取悦他人的行为模式可以比作一个人时常给别人的花园浇水，却忽视了自家的花园。虽然这样做可能会暂时让别人快乐，但这同样会让取悦他人的人感到内心空虚。他们非常努力地确保满足其他人的需求，以至于忘记了自己的需求。

随着时间的流逝，这会导致空虚感和挫败感的产生——取悦他人的人经常在回首往事时想知道，为什么他们没有在自己的梦想上投入更多。他们可能会觉得自己把时间和精力浪费在了对他们来说并不重要的事情上。事实是：在让别人快乐和追求自己的目标之间取得平衡这一点至关重要。虽然关心你所爱的人是必不可少的，但它永远不应该以牺牲自己的幸福和梦想为代价。

为了克服这种由恐惧驱动而取悦他人的习惯，你要学会设定边界和表达自己的需求。假如你采取措施来确保你的梦想和目标不会被搁置，你就会开始感到生活更加充实和有目的性。在努力实现自己想要实现的目标时，你仍然可以对他人保持关怀和体贴。事实上，在你追求自己的目标的过程中，你会成为一个更加自信的人，你与他人的关系可以变得更加健康，因为这种关系建立在相互尊重和理解的基础上。

因此，如果你发现自己陷入了因恐惧而取悦他人的陷阱，请记住，你不必为他人而牺牲自己的梦想。在让他人快乐和追求自己的目标之间保持平衡，将促成一种更令人满足的充实生活。

10. 我如何停止拖延？

拖延是一种坏习惯。虽然短期内，它会让你的大脑感到愉快，但从长远来看，拖延对你毫无帮助。短期内，你可能会认为，网上购物或沉溺于社交媒体比完成任务更令人愉快。

你的大脑正在把你拉向短期内更让人感到愉快的事情，推迟不那么有趣的任务就属于这种情况，随着时间的推移，这就会成为一种坏习惯。你的目标是用一种健康的习惯来取代这种糟糕的自我破坏习惯：每天，你都要确定你的 10 级事项，即你要做的最重要的事情，而你每天无论如何都要完成当天的 10 级事项。

请记住，你的大脑正在尽力寻找借口摆脱"额外"的工作，它喜欢让你拖延。解决这个问题的方法之一，就是非常具体地设定你的 30 天目标，包括从哪一天开始，还有你将在一天中的什么时间从事你确定要做的活动（例如：从明天早上 6 点开始，每天早上 6 点，我都会在身边放上一杯热咖啡，准备好我最喜欢的笔和笔记本，坐在我最喜欢的舒适的椅子上写日记）。

11. 我该如何对付"有毒"的人？

对你来说"有毒"的不是这个人本身，而是你和他们的互动方式、你和他们的关系。在与他们的每一次互动和交往中，你都对情况有 50% 的控制权。对于你生活中每一种对你有害的互动方式或关系，你都有两种选择——这取决于"毒性"的严重程度和它对你生活的影响：你可以非常果断地设定明显的边界，或者完全让这段关系断开。而什么不该是你的选项？让"毒性"进入你的生活。

12. 我为什么总是如此疲惫？

你之所以筋疲力尽，是因为生活中有些事情一直在消耗你的能量，而你需要做的是停下来思考这些事情是什么。请你停止激烈的竞争，抽出几分钟，想想发生了什么。问自己两个问题——首先，问问自己：是什么让我筋疲力尽？是某个人？还是我缺乏边界？我是不是对自己太过苛刻了？你需要用一句话定义让你筋疲力尽的东西是什么。

当你确定了是什么让你筋疲力尽时，你接下来就要问自己第二个问题：我能做些什么来防止这种情况发生？我是否应该寻求帮助，将任务委托给他人来完成？我需要把自我关怀放在首位吗？还是需要设定更多的边界？

一旦你对自己有了清晰的认识，就开始采取行动吧：你总可以做一些事情来让自己感觉更好，只要你能停止激烈竞争，思考一下需要改变什么。

13. 我为什么总是放弃自己决定做的事情？

到目前为止，你可能还没有取得足够的成功，来让自己树立可以做成事的信心。你也可能让大脑出来捣乱，因为你还无法具体说明你的计划是什么、你将如何完成它，以及它对你有多重要。请记住，模糊是通往失败的大门，而具体是成功的基石。

你要选择一个小而详细的目标，制订一个计划，确定它对你有多重要。然后，尽可能在你所有的电子设备上设定提醒。养成一个习惯需要 30 天，如果你在这 30 天内搞砸了，就重新开始。一旦你实现了第一个目标，你就会发现，自己在面对第二个和第三个目标时，早已是信心满满。

14. 我怎样才能变得更加积极？

由于消极偏见，人们一般对消极信息的敏感程度要高于积极信息。通过无论是在睡觉前还是在起床时，确定你生活中让你心存感激的五件好事，都可以训练大脑变得更积极。如果你训练大脑去欣赏生活中的美好事物（总是有的，你只需要更多地关注它们），那么让你感觉良好的化学物质多巴胺和血清素就会被释放出来。它们会反过来提升你的情绪，帮助你培养更加积极的心态。

通过每天早上或晚上举出你生活中的三件好事，你可以把感恩变成一种习惯。然后，你就能把这种习惯和心态变成你的想法和感受，以及你做事方式的一部分。

另外，请记住，一个消极事件带来的影响需要三个积极事件才能抵消。如果你看到或听到某件影响你心情的事，要立即找到三个积极事件来抵消它。你也可以使用这种方式来帮助你的朋友、家人和同事。表达真诚的赞美会让你们双方都感觉良好，为你们的生活提供更多积极因素。

15. 做出改变时，为什么战胜倦怠如此重要？

倘若你想改变生活，战胜倦怠非常重要。原因如下：

首先，想象一下你的精神和情感能量是让你保持运转的电池中的电。假如电池电量耗尽，你就会感到疲倦和精神萎靡，大脑一片空白。如果你处于这种状态，那么提高生产力和工作效率对你来说几乎是不可能的。

现在，棘手的是，当你深陷倦怠时，你甚至可能意识不到倦怠正在发生。疲倦本身会让你看不到自己有多疲惫。你不断鞭策自己，希望能赶上进度，而这只会让事情变得更加糟糕。因此，假如你试图改变你的生活，无论是养成一个新习惯还是促成一个重大转变的发生，你的精神能量都是至关重要的。你需要精神能量来做出选择，保持专注，采取行动。

战胜倦怠就像给你的精神电池充电，会给你新的能量和动力。你只有在精力许可的情况下，才更有可能坚持下去实现目标，工作效率也更高。这样，你对自己的目标才会更有热情，更有信心去实现它们。

想象一下，当你试图驾驶一辆油箱几乎空了的汽车时，它会发出噼啪声，减速，乃至最终熄火。这就是你筋疲力尽时的感觉——你的精神能量不足，无法持续提供你需要的动力。

战胜倦怠就像给油箱加满油一样，你要保证自己能拥有继续前进的能量和动力。你会取得进步，会感觉改变不是一场斗争，而是轻而易举的事。这种精神能量的提升对于你保持现有的状态和实现目标至关重要。

因此，如果你想努力改变自己的生活，请记住，战胜倦怠非常重要。它有助于确保你的"油箱"中有足够的"燃料"，让你能充满热情、富有效率地实现你的目标。通过给你的精神电池充电，你能够更好地采取行动，为你的生活做出有意义的改变。

16. 我如何改掉坏习惯？

你可能听说过"积重难返"，这是有原因的。坏习惯是一种根深蒂固的行为模式，它已经刻在了你的大脑里。你不能简单地擦除它们，因为它们已经成为你神经通路的一部分。不过，好消息是，你可以更换掉它们。

为了改掉坏习惯，你必须开始重塑你的大脑，这意味着你要通过采用一种新的、更健康的习惯，来创造一条新的神经通路，来替代原来坏习惯的神经通路。请你把这个新习惯想象成一条穿过茂密森林的新路——起初，迎着困难稳步前进似乎是具有挑战性的，而通过持续的努力，你完全可以开辟出一条崭新的道路。

成功改变习惯的关键是重复，你重复新习惯的次数越多，与之相关的神经通路就会变得越强大。就像拓宽穿过森林的小径，你每通过这条小径一次，它都会变得更加清晰、更方便行走。与此同时，你想要抛弃的旧习惯之路也随之变得杂草丛生，不再那么具有诱惑力了。

大脑是一台高效的机器，它总是在寻找阻力最小的路径。假如你不断重复你的新习惯，它就会逐渐成为你大脑新的默认选择，这是一个伟大的转变。随着时间的流逝，大脑不会再本能地选择旧习惯，相反，它会自然而然地为新的、更健康的习惯所吸引。

你可以把养成新习惯想象成重新给你大脑的自动驾驶仪编程。你正在有意识地选择用一个新的、积极的习惯，来取代一个旧的、不够健康的习惯。通过不断地重复，你会为大脑设定一个新的默认模式。

虽然你无法擦除一个坏习惯，但你完全可以用新习惯覆盖它。通过养成新习惯及不断通过重复来强化它，进而创造另一条神经通路，你就可以在让新习惯取代旧习惯的道路上走得很远——这个过程重塑了你大脑的运作方式，使新习惯成为它的自动选择，而旧习惯则被束之高阁。

17. 我怎样才能停止做出错误的决定？

有时，你会在没有真正经过认真考虑的情况下做出错误的决定。你的大脑会开启自动驾驶模式，尤其是当你疲劳或注意力不集中的时候。为了做出更好的决定，你应该学会更加专注。

这意味着你需要花点时间真正考虑自己的决定，而在你的大脑处于最佳状态的时候做这件事是最为明智的。

选择正确的时机做出决定至关重要，你要选择自己在一天中状态最佳的时间来做出决定。许多人发现他们的大脑在早上喝了咖啡，或睡了个好觉后工作状态最好，这时他们的思维很清晰，能很好地理解事情。在这段时间内做出决定通常会带来更好的结果，因为这时你的决策能力更强，能做出最佳决定。

随着时间的流逝，你可以去做一些较小的决定，而无需考虑太多，这就像你开船时，在清晨的汹涌水流中航行后，可以随意在平静的水面上巡航。然而对于重要的决定，你最好选择头脑最清醒的时间来做，这有助于你做出更好的决定，从而增加你成功的机会。

因此，为了避免不假思索地做出错误的决定，请你尝试在大脑表现最佳的时候用心做出选择。对于许多人来说，这个时候一般是早上、喝咖啡之后或中午之前。一旦你选择了正确的时间，做出经过深思熟虑的决定，你就能够做出更恰当的选择，从而对你的生活产生积极影响。

18. 我如何避免说让自己后悔的话？

请使用 20 分钟规则。倘若你觉得自己开始失控，你要告诉和你说话的人，你必须考虑一下他们说的东西，然后离开房间，去一个可以让你冷静下来的地方。你可以通过呼吸呼吸新鲜空气，喝点茶或水来让自己冷静下来。通常，至少需要 20 分钟，你才能让自己大脑中更理性的部分占据主导，然后才能继续处理需要解决的事情。

19. 我怎样才能在不伤人的情况下对人设定边界？

你必须在冷静时设定边界。用你最平静的声音，按原样向对方陈述你的边界。无论发生什么，对方说什么或做什么，都不要失去理智。你要为对方的任何反应做好准备，只是不要让步。请明确你所要传达的内容，坚持自己的立场。切记以后也不要退缩！你的边界将受到考验，而你不能屈服！

20. 保持一致性的秘诀是什么？

每天或每周在同一时间重复做同样的事情，是你在达成目标的过程中保持一致性的秘诀。这要求你具体而明确地说明你要做什么，在什么时候、什么地方，以及如何去做。你规划得越具体，你的大脑就越没有回旋的余地。

为了对自己负责，请你在电子设备上设置提醒。例如，每天早上 6 点，让你的手机、笔记本电脑或其他任何你能看到的电子设备发出去健身房的提醒；每天晚上 8 点，所有这些设备都会发出准备明天待办事项清单的提醒……技术是你的朋友。当你尝试养成新的习惯时，要充分发挥技术的优势。

21. 什么时候是做出改变的合适时机？

现在。永远不会有最正确的做出改变的时机，请你先迈出第一步。

22. 为什么对别人说"不"时，我会感到内疚？

你的内疚源于恐惧。你害怕如果自己不取悦别人，就会被别人排斥。然而，当你对别人说"不"时，实际发生的事情是，如果这些人是理性的人（即使有时他们不是），他们就会尊重你的选择，尤其是当你态度清晰、冷静和坚定的时候——这些是让你成功说"不"而不感到内疚的三个要素。

请记住，只有当你能够照顾好自己和自己的需求时，你才能帮助他人。以牺牲你的 9 级和 10 级事务为代价，来处理别人

的 2 级和 3 级事务只会让你心生怨恨，导致倦怠，阻止你实现
自己的目标。

23. 我如何才能感到更加自信？

要弄清楚你的目标，知道你真正想要的是什么，请你专注
于自己的 10 级事务，并为接下来的 30 天制订一个超级详细的
计划，然后采取行动。这会起作用的！然后你会再做一次，这
会再次起作用！渐渐地，你会接连不断地迎来成功，而成功会
进一步孕育你的信心。

24. 我如何避免对人和事的情绪化反应？

你要使用 20 分钟规则。要提醒自己，当你的杏仁核接管大
脑时，你就会情绪失控。你需要把自己从这种情形中抽离出来，
做一些让自己恢复平静的事至少 20 分钟，让你大脑中更理性的
部分重新占据主导，防止你情绪失控。

25. 我如何取得别人的支持？

你要从支持他们开始做起。请使用镜像规则：如果你想让人
们喜欢你、对你感兴趣、支持你，那么，你就需要表达对他们

真心的喜欢、兴趣和支持。不要说空话，要真诚，让别人知道你欣赏他们的地方，以及你认为的他们的长处是什么。

在生活中，仍然可能有一些人永远不会支持你。你必须接受这一点，要知道，他们不支持你的原因可能与他们自己的恐惧和不安全感有关，而不是与你有关。

26. 我如何避免让自己分心？

为了避免让自己分心，你必须学会控制你的时间和注意力，明白这是取得成功的关键。想象一下，你的时间和注意力是你宝贵的财富，它们可以支持你朝着目标前进，也可以为持续的干扰所浪费。你可以把这些干扰——比如你电脑上那些讨厌的弹出窗口，或者你在工作中接到朋友的意外电话——看作试图抢走你宝贵财富的狡猾的小偷。为了保护你的财富不被它们窃走，你需要设定明确的边界。

想想你在日常生活中所面临的干扰：它们可能是你的计算机或智能手机上无休止的通知，不断将你的注意力从手头的任务上转移开；可能是源源不断的电子邮件或社交媒体更新，将你从工作或学习中吸引过来；也可能是来自朋友和家人的善意但意外的造访或电话，在你需要专注的时候分散了你的注意力……

保护你的时间和注意力的一种有效方式是设定特定的边界。你可以把这些边界想象成环绕你宝贵财富的保护栅栏。例如，你可以制定一个时间表，指定你工作、学习或任何其他重要任务的特定时间。在这些需要专注的时间段，你可以有意识地关闭计算机和手机上的通知，以尽量减少查看它们的冲动；你也可以将你指定的工作时间告知你的朋友和亲人，以便他们了解该在什么时间与你联系，即什么时间不能打扰你。通过这样做，你可以为自己营造一个适宜的环境，避免分心，从而将你的时间和注意力留给真正重要的事情。

如果你用这些边界来保护你的时间和注意力，你就会发现自己会在追求目标的过程中变得更高效。成功往往取决于你专注于目标的能力，而保护你的时间和注意力是你成功之旅中的关键因素。重要的是，你要认识到，设定这些边界不是一种自私的行为，而是一种明智的策略，这样做可以帮助你实现目标。通过保护你的时间和注意力，你朝着你渴望的成功又迈出了重要的一步。

27. 为什么别人这么难以相处？

人们经常想知道，为什么有些人看起来很难相处。你要明白的是，难相处的并不总是这些人本身，而是我们与他们之间的互动关系出了问题。每个人都像一块独特的拼图，有时，这些拼图并不能被顺利地组合起来。重要的是，要记住，你眼前看到的可能只是这块拼图的一部分。

与一个不太好相处的人打交道，就像在波涛汹涌的水域中划船一样，难免会有颠簸。在这种情况下，你要考虑到对方可能正在经历一段艰难的时期——他们可能正在处理压力、家庭问题，甚至正感到不知所措、筋疲力尽。正如你有自己的挣扎和困难一样，其他人也有，而你可能只是看不到而已。实际上，这些人不好相处的表面之下往往还有更多东西存在。

你要把别人想象成冰山：你在表面上看到的，只是他们全部生活的一小部分，在外表之下，他们还有一整个由情感、经历和处境组成的世界。因此，倘若某人看起来很难相处，请记住，你可能并不知道他们的全部故事。他们可能正面临着影响他们与他人互动的个人困境。通过带着同理心和理解处理这些情况，你可以更加从容、富有耐心地驾船驶过这些波涛汹涌的水域。这并不仅仅涉及那些难以相处的人，还涉及互动的复杂性和那些不好相处的人可能正在处理的看不见的困境。

28. 我如何正确面对别人的拒绝？

正确面对他人的拒绝，可能是我们生活中面临的最艰巨的挑战之一。当你没有得到你所希望的回应时，你可能会感到受伤、失望，有时甚至会灰心丧气。然而，你要明白，被人拒绝是一种普遍的经历，即使是世界上最成功的人，在实现他们目标的过程中，也一定遇到过无数次被人拒绝的经历。因此，假如你发现自己在被人拒绝的苦恼中挣扎，请你不要把这当成私人恩怨，而是要继续专注于你的目标，以决心和韧性来推动事情的解决。你要盯着值得追求的事物，并记住，每一次被拒绝的经历都只是你走向成功之路的一块垫脚石。

正确面对被人拒绝是一项重要的生活技能，就像学习骑自行车一样，起初，你可能会跌倒，甚至想放弃，但通过练习和坚持，你会不断取得进步。在人生的宏伟计划中，学会面对拒绝是宝贵的一课，可以为你带来成长和发展——你可以把被人拒绝想象成一位强硬的教练，他会督促你变得更好。

阿尔伯特·爱因斯坦以其在物理学方面的开创性工作而闻名于世，可你知道，作为一名年轻科学家的他曾经很难找到工作吗？他曾经遭到一次又一次的拒绝。想象一下，如果他在第一次遇到困难时就放弃了，一切会是什么结果？相反，他毫不气馁，坚持并继续研究他的理论，最终，他的相对论彻底改变了物理学界。

这就是毅力和成长心态发挥作用的地方。我们与其纠结于被人拒绝这件事，不如把它当作一种反馈。被人拒绝之后，我们不妨问问自己："我能从这次经历中学到什么？"请反思自己可以改进的地方，无论是你的技能、方式还是策略。假如你以成长的心态对待被人拒绝这件事，你就是在把它当作让自己变得更好的垫脚石。

请记住，被拒绝与你这个人无关，它涉及特定的情景、环境或背景。你被人拒绝的事实，并不能说明你的价值或能力不够。一旦你开始从这个角度来看待被人拒绝这件事，就更容易摆脱信心不足、自我怀疑的感觉了。

29. 面临不公时，我该怎么办？

生活中的不公平感可能令人沮丧。你可能想知道，为什么事情没有按照你预想中的方式发展，而且你很难承受这种感觉。不过，即使情况看起来不公平，你也可以以建设性的方式处理它——这是停下来反思的最佳时机。

这一刻的反思可以帮助你取得一种新的视角。你要试着理

解为什么自己觉得事情不公平：是因为别人得到了你想要的机
会吗？或者，也许是你遇到了意想不到的挫折？通过检查情况，
你可以确定不公平感产生的具体原因。

现在，是时候专注于你可以控制的事情了。这就像在糟糕
的天气里开车一样，虽然你无法控制天气，但你可以控制自己
对天气的感受。当生活看起来不公平时，请专注于你能控制的
方面。这可能意味着你需要设定可实现的目标，或者慢慢采取
措施来改善自己的处境。通过采取行动和专注于自己可以改变
的事情，你可以重新获得控制感和赋能感。

别忘了始终关注积极的事物：你可以花点时间背诵积极的口
号，或数一数当天令你开心的五件事。

此外，你还要学会练习感恩，比如数数让你感到幸运或美
好的事有几件。通过将注意力转移到美好的事物上，你可以改
变自己的心态，改善自己整体的幸福感。练习感恩有助于让你
看到，即使在充满挑战的时期，你仍然有理由欣赏你所拥有的
一切。

此外，请你记住，虽然生活并非总是公平的，但其中充满
了学习和成长的机会——挑战和挫折可以像学校一样，教给你
宝贵的经验，增强你的韧性。通过以成长的心态面对不公平的
情况，你可以将其视为增强能力的机会。

30. 为什么即使这不是我的错，我也总是道歉？

即使不是你的错，你也会道歉，这是人类常见的一种反应方式。我们经常希望在人际关系中维持和谐，避免冲突。道歉有时是维护和平的一种方式，就像伸出橄榄枝来化解由于误解或分歧而产生的矛盾一样。有时，道歉也是缓解紧张和不适的一种方式，犹如在严肃的情况下加入一点幽默来缓解氛围。如果你说"对不起"，你可能是在试图化解交流中出现的尴尬或负面情绪。道歉可以作为一种情感急救的方式，它有助于使所有相关人员感到更加舒适。

你在没有错时也会道歉的另一个原因，可能是同理心。当你说"对不起"时，你是在对他人的感受做出反应。这就像给了他们一个倾听的对象，并说："我知道你不高兴，我在这里陪着你。"这种道歉是你表示认可对方的情绪有价值，并让他们知道你在乎他们的一种方式。

现在，虽然考虑这些道歉的原因很重要，但同样重要的是，如果不是你的错，你就要能认识到什么时候应该道歉，什么时候不应该道歉。在某些情况下，道歉可能是保持和谐和表现同理心的正确做法。然而，避免过度道歉这件事也很重要，因为过度道歉可能会导致对方误解或者认为你在承担不必要的责任。

关键是，你要注意什么时候应该坚持自己的立场，并明白说"对不起"并不总意味着承认错误。

因此，下次当你发现自己有道歉的冲动时，请先花点时间考虑一下你为什么要这样做，还有对于这种具体情况来说，道歉是否是正确的选择。要确保你在自己没有错的情况下道歉时，不是因为你想讨人喜欢，或者因为你正在掩盖需要解决的重要问题——这是问题的关键。

31. 我怎样才能让人们尊重我？

要想赢得他人的尊重，你首先要尊重自己。就像为房子打下坚实的地基一样，尊重自己是赢得其他一切尊重的基础。以下三点能说明尊重自己是如何为别人尊重你铺平道路的：

首先，设定边界至关重要。一旦你确立明确的边界，你就能向他人传达你认为在互动中可以接受和不可接受的东西。例如，如果你重视自己的个人空间和时间，你就可以使用充满善意但坚定的语气，让别人知道你什么时候需要独处。通过始终如一地坚持这些界限，你可以展示自我价值和自尊。这种行为发出了一个明确的信号，即你高度重视自己的价值观，其他人会因此更有可能通过尊重这些界限来接受你的安排。

其次，练习自我同情很重要。请你把你的内在自我想象成一个朋友。就像你善待和支持自己的朋友一样，你也要以同样的同情心来对待自己。当你犯了错时，你既要承认自己的不完美，也要对自己表现出同情心。通过对自我同情，你可以增强自己的自尊和自我价值。当你热爱和尊重自己时，别人也会更倾向于以同样的态度对待你。

最后，你和他人交谈的方式，会极大地影响人们对你的看法和态度。它就像一面镜子，向世人反映你的自我形象。倘若你自信地沟通，你就能够在表达自己的想法和感受的同时，尊重他人的想法和感受。这样，人们更有可能以有礼貌的方式回应你，因为他们看到你在沟通中表现出了对他们应有的尊重。

当你尊重自己时，你会发出一种强有力的信号，即你值得尊重，这通常会促成你与他人之间更有礼貌的互动。

32. 我如何面对对我不尊重的人？

尊重是保持健康关系和良性互动的基础。当有人不尊重你时，你必须设定一个边界，让对方知道他们已经越过了你的边界，你不能容忍这种行为——这是至关重要的，因为如果你不重视这种不尊重的行为，它就很可能会一再出现，甚至可能随着时间的推移而逐渐升级。下面，我将详细介绍如何处理别人的不尊重行为和保持你的自尊：

第一步是在不尊重行为发生时认识到它的存在。请你注意危险信号——不尊重行为可以有多种形式，例如粗鲁的评论、贬低的言论或无视你的感受和界限。当你注意到任何这些行为时，不要不在乎或把它们当作正常行为。要让对方明白，你值得尊重，这些行为是不可接受的。

第二步是设定明确的边界。如果有人不尊重你的边界，你必须让他们知道，他们已经越界了。你可以说"我不喜欢别人以这种方式说话"，或者"对我来说，我们互相尊重很重要"。通过坚持你的边界，你发出了一个强烈的信号，即不尊重的行为是你所不能容忍的。

第三步是传达你的感受。请你开启对话，让对方知道他们不尊重的行为或言语给你带来了什么感受。要冷静而自信地表达你的情绪。例如，你可以说："当你这样对我说话时，我感觉受到了伤害和不被尊重。"分享你的感受可以帮助对方了解他们的行为给你造成的影响。

第四步是保持一致。正如不应跨越边界一样，你对于自己不被尊重时，应该让对方承担的后果也应保持一致。倘若你设定了一个边界，请你让别人知道他们的哪些行为是不可接受的，且要准备好承担后果——这种一致性对于表明你对保持自尊认真对待至关重要。不要让别人不尊重你这一问题得不到解决，因为这可能会导致更严重的问题，进而影响你的自尊——请为自己挺身而出，为和谐和健康的关系定下基调。

33. 我为什么觉得自己不如别人？

这种看法往往植根于缺乏自信。事实是，认为别人比自己好是一种主观信念，而不是现实。

你要认识到，自信在你如何看待自己与他人相比这件事上起着重要作用——这就像通过浑浊的镜头看自己，如果你缺乏自信，你的自我认知就会变得扭曲，你可能会专注于自己的缺点或错误，而淡化自己的优势和成就。要开始改变这种看法，你就需要努力树立自信。

树立自信就像为房子打下坚实的地基，它包括认识到自己的优势、设定可实现的目标，以及庆祝自己的成功，无论这些成功看起来多么渺小。当你专注于自己的成就并欣赏自己的才能时，你就会开始更清楚地看到自己的价值。

每个人都有自己独特的才能、经历和挑战。用自己和别人相比，就像比较苹果和橙子哪个更好吃一样。每个人都走在自己的道路上，没有任何人的两段旅程是相同的。你无法通过在表面上看到的东西捕捉到一个人生活中的全部故事。因此，当你觉得别人比自己更好时，重要的是要提醒自己，你只看到了他们生活的一部分。

此外，请记住，一个人的自我价值不是通过与他人的比较来决定的，你不可能通过观察单个波浪的高低来测量海洋的深度。你的价值是内在的，比别人好或坏无关紧要。正如你欣赏独特的艺术品的独一无二的美一样，欣赏和重视自己独特的价值也很重要。

34. 我现在做出改变是否为时已晚？

你可能想知道，自己在如今这样的年龄，是否还来得及做出改变并控制自己的生活。答案是肯定的！年龄只是一个数字，它永远不应该成为限制个人成长的理由，许多名人通过在他们各自生命的各种阶段做出重大改变，从而取得巨大成就证明了这一点。

看看肯德基创始人哈兰德·桑德斯上校，他直到六十多岁才取得巨大的成功！在许多人考虑退休的年龄，他决定追求自己对烹饪的梦想，并开始销售他的招牌炸鸡。他的奉献精神和卓越能力得到了回报，如今肯德基已成为世界上最著名的快餐连锁品牌之一。

另一个值得注意的例子是著名时装设计师王薇薇（Vera Wang），她直到 40 岁才开启自己在时尚界的职业生涯。在此之前，她是一名成就颇丰的花样滑冰运动员，还是一名记者。然而，她决定改变的职业方向，追求自己对时装设计的梦想。她的决心和创造力使她成了著名的时装设计师，她的婚纱妆扮了世界各地的新娘。

劳拉·英格尔斯·怀尔德是"草原小屋"系列丛书的作者，事实上，直到六十多岁她才出版了自己的第一本书。她的作品生动地展现了西进运动期间她在美国边境长大的经历。这些书不仅成为经典，持续俘获一代又一代读者的心，还证明了年龄不是分享你的故事和取得重大成就的障碍。

这些例子传达的信息很明确：做出改变并控制自己的生活永远不会太晚。这些人取得了非凡的成就，对世界产生了深远的影响，他们的一切成就都是在许多人认为"为时已晚"而无法开始追求新事物的年龄取得的。

你随时可以改变你的生活。凭借决心、热情和辛勤工作，无论你何时决定开始追梦旅程，你都可以取得非凡的成功，甚至改变世界。年龄只是一个数字，而你的梦想和抱负是永恒的。

35. 如果我的家人或爱人不支持我，我该怎么办？

如果你的家人或爱人不支持你，这会不可避免地让你感到非常痛苦。然而请记住，我们往往会受与我们相处时间最长的人的态度的影响。虽然你可能无法远离直系亲属，但你可以努力花更多时间与支持你的人在一起。

寻找相信你和你的目标的朋友、导师或其他家庭成员，这些人可以为你提供鼓励和建议，倾听你的想法与诉求。即使你的家人或爱人可能不支持你，那些支持你的人也可以帮助你保持动力，专注于自己的道路。

请记住，没有家人或爱人的支持，并不会降低你的价值或你目标的意义。你的梦想很重要，追求它们对你也是至关重要的，即使这意味着你需要在其他地方寻求支持。与那些相信你的人在一起，可以让他们为你提供克服障碍和挑战所需的积极援助。

有时，你的家人或爱人对你目标的误解或缺乏了解会导致他们做出不支持你的行为。通过以冷静的方式传达你的热情和决心，随着时间的推移，你也许能够取得家人或爱人的理解和支持。

如果你付出了努力，但你的家人或爱人仍然不支持你，那么，继续专注于你的目标，并且从其他地方取得支持就变得至关重要了。这就像即使风向对你不利，你也要把你的船驶向一个明确的目的地一样——你要相信自己和自己的能力。请记住，你的梦想是有意义的，你有能力让它们成为现实。

你要做你自己的啦啦队队长。请记住，无论是积极地肯定自己，还是提醒自己过去的成就，甚至是看看让自己感觉良好的照片，都可以帮助你抵消在家里可能遇到的消极情绪。此外，如果你在与家人或爱人发生冲突时感到心烦意乱，请使用 20 分钟规则，让自己从这种情况中抽离出来，直到你可以平静地面对冲突这件事。

36. 我如何处理自己对于别人的嫉妒？

嫉妒他人是每个人多多少少都会有的正常情绪，关键是你要将这种嫉妒转化为个人成长的积极动力。事实上，承认并接受嫉妒，将它视为一种动力，可以给你带来实质性的自我提升。

你要准确找出引发你嫉妒的原因——是某人的成功、他们的财产还是他们的人际关系？一旦你确定了嫉妒的来源，你就会清楚地了解自己的目标和抱负，这种洞察可以作为你自我提升之旅的起点。

现在，与其让嫉妒吞噬你，不如把它当作一个强大的动力源，将一个具有挑战性的障碍转化为个人成长的垫脚石。假如你嫉妒某人的成功，就让它激励你设定自己的目标，并为实现目标而不懈努力。如果你能有效地利用嫉妒，嫉妒就可以成为你自我提升的强大催化剂。

此外，将感恩作为你人生策略的一部分进行练习，这将使你拥有积极的心态。要花点时间欣赏你所取得的成就和你所走过的道路，通过专注于自己的进步，你可以改变自己的心态，减少嫉妒对个人幸福感的影响。

请记住，每个人的人生旅程都是独一无二的，不恰当的比较往往会有误导性——这就像比较苹果和橙子这两种完全不同的水果哪个更好吃一样。每个人都面临着自己生活中的一系列挑战和经历，你在表面上看到的东西并不代表着别人生活的全部内容。与其嫉妒别人，不如从他们的旅程中汲取灵感，并以此为参照点，激励自己走得更远。

此外，你还要考虑将嫉妒转化为与自己的良性竞争。你能参与的最好和最健康的竞争，就是与以前的自己的竞争。你要努力超越过去的自己，设定更高的标准，不断提高你个人成长的标准。通过这种方式，你可以将嫉妒转化为一种建设性的力量，推动你走向自我提升。

37. 我可以有远大的梦想吗？

你当然可以有远大的梦想，这真是太棒了。事实上，远大的梦想可能是让你过上充实而有意义的生活的关键。当你让自己的想象力翱翔并设定雄心勃勃的目标时，你就打开了通往无限的机会和个人成长的大门。这就是为什么对你来说，实现远大梦想不但是积极的，而且是必不可少的。

如果你有远大的梦想，你就会燃起激情、充满决心。这些梦想会成为你行动背后的驱动力，促使你更加努力地工作，争取成功。你的梦想为你的旅程提供了路线图，引导你走上自我探索和自我成就的道路。

此外，远大的梦想可以让你摆脱自我设限，破除阻碍你的枷锁。假如你敢于拥有在自己的舒适区之外的梦想，你就挑战了自己对可能性的信念。这种扩展想象力和追求宏伟抱负的过程，可以促进个人的转变，你因此学会了拥抱不确定性，承担适当的风险，并在面对挫折时变得更加坚韧。

远大的梦想也具有激励他人的力量，它就像一支可以照亮一千个人的蜡烛一样，倘若他人看到你对梦想的热情和决心，他们也会更有动力去追求自己的抱负。

不要退缩！要让你的想象力尽情驰骋，充满激情和决心地追求你的梦想！天空不是极限，只是你能取得的成就的起点。

38. 我如何避免说出令自己后悔的话？

正如我们之前所讨论的，在你情绪即将失控之际，使用 20 分钟规则很重要。假如你觉得自己的情绪开始失去控制（你知道那种感觉是什么样的），让自己摆脱引起你情绪失控的这种情况很重要。要让对方知道，你需要一些时间来思考他们所说的话，然后离开。

一旦你让自己从这种情况中抽离出来，去一个可以让你冷静下来的地方，你的理智就有机会在与你"或战或逃"的状态的搏斗中占上风。你要做一些可以让自己感到放松的事情，比如喝杯茶，或散散步，呼吸新鲜空气——大脑至少需要 20 分钟，才能平复到你情绪失控之前的状态。

这有助于你采取措施，防止自己说出冲动或伤人的话。假如你遇到引起你的愤怒、沮丧或任何强烈情绪的情况，请等待至少 20 分钟再做出回应。其间，你要利用这段时间处理你的情绪，例如在心情平复后检查你情绪风暴的成因——问问自己为什么会有这种感觉，是什么触发了你的情绪。你要反思你言行的潜在后果，这种内省有助于你保持头脑清醒，从而做出更加深思熟虑的回应。

此外，你还应考虑你的话可能对对方造成的影响。这就像从双方的视角看到你的情绪风暴一样：你的回应将如何影响他们？你的话是有益的还是有害的？通过感受对方的观点，你可以调整自己的情绪，让你的回应更加理性、体贴和具有建设性。

在 20 分钟的等待期过后，你就可以以更冷静、更谨慎的方式做出回应。请带着详细的规划回到现实之中。这时，你的情绪已经平复下来，你可以进行更有效的沟通，专注于手头的问题，而不是冲动地根据你的情绪做出反应。

39. 我怎么知道是否为自己选择了正确的目标？

为自己选择正确的目标有时感觉就像在迷宫中穿行。确保你的目标与你的价值观、你的愿望保持一致至关重要，因为追求错误的目标会导致你错失良机。"0—10 规则"是一种简单而有效的方式，可以让你头脑清晰，帮助你在几分钟内做出正确的选择。让我们深入探讨一下这条规则是如何起作用的，还有为什么你的身体往往比你杂乱的大脑更清楚你想要的是什么。

在这本书中，我们谈到了 0—10 规则，这是一种评估你的目标和愿望的快速而直观的方式。它是一个指南针，引导你走向正确的道路。倘若你面临一个抉择，无论是设定新目标还是重新评估现有目标，都请花点时间以从 0 到 10 评分的量表系统评估它。

一方面，你要描绘出你的目标或你正在考虑的选项，然后问问自己，你对它有多大程度的兴奋和热情，并从 0 到 10 打分，0 分表示不兴奋，10 分代表极度兴奋。这种简单的自我评估，可以让你利用你即时的情绪反应评估你的目标与你的价值观和爱好的契合度。如果你发现自己给一个目标打了 9 分或 10 分，这就是一个强烈的信号，表明这个目标与你的价值观和爱好非常契合。这种兴奋程度表明你走在正确的轨道上——追求这样的目标可能会给你带来快乐和满足感。

另一方面，如果你为一个目标打的分值在 6 分或 6 分以下，这同样是一个信号，表明你可能要重新考虑你努力的方向。该打分表明你的心没有完全投入其中，你可能没有以最有意义的方式对你的目标投入你的时间和精力。这是一个有价值的忠告，表明你可以探索其他可以激发更强目标感的选择。

40. 我为什么没有动力？

如果你感到没有动力，不妨了解一下以下情形：你之所以缺乏动力，可能是因为你正专注于对自己来说并不重要的事情。就像你在试图用潮湿的木头点燃火，虽然火星可能会四溅，但却点不燃木头。那么，解决方案是什么呢？请你停顿片刻，问问自己："我真正想要的是什么？"

重新点燃动力的第一步是内省。请你花点时间反思一下，什么是对你来说真正重要的事情。哪些目标或活动会让你兴奋，让你的心跳加快一点？这些就是最有可能激发你动力的事情。你还可以使用0—10法则来评估你对特定目标的热情。

缺乏动力也可能源于你在与自己大脑的"战争"中失败了。为了确保你掌握局面（无论是否有动机），你需要非常具体地明确你要做什么、如何做，以及在何时和何地去做。一旦你开始保持某种一致性并取得一些胜利，你就会发现即使在没有动力的日子里，坚持你的目标仍然会变得越来越容易。

请你不要低估小进步的影响，这就像爬楼梯一样，每多走一步，你都更接近目的地一点。有时，缺乏动力源于对最终目标的艰巨感到不知所措。这时，你要将你等级为10的最终目标分解成更小的、可处理的任务，并一小步一小步地实现这些任务。当你完成这些小步骤时，就会产生一种成就感，从而进一步激发你的动力。

动力也会在积极的环境中蓬勃生长。就像培育一株植物时，你需要为它提供关怀和支持——要避免过度自我批评和消极悲观的自我对话。相反，你要练习善待自己，承认自己的努力，即使你取得的成果还很小。你还要学会赞美自己的进步，这样，你的动力就会随之增长。

　　请你记住，在需要时调整路线是必不可少的，这就像你在高速公路上需要为了适应当时的路况而变道一样。如果你发现，尽管付出了一切努力，你仍然缺乏动力，这可能表明你需要对目标重新进行评估。这并不意味着你要放弃，反而意味着你正在调整自己的路线，并选择一条更符合你的爱好和价值观的道路。

41. 我很害怕，该如何自我推动？

　　害怕是每个人都可能会有的感受，不过，事情是这样的：恐惧并不能阻挡你，你可以选择如何处理它，而这个选择可以塑造你的未来。你真的想让恐惧成为你生活的主宰吗？感到害怕是完全正常的，这是一个警告信号，告诉你在面对新事物或具有挑战性的事情时要小心谨慎。

　　你的大脑会将新的和未知的事物视为潜在的危险，而且，它会通过发送恐惧信号做出反应。这是大脑警告你的一种方式，因为它不知道未来会发生什么，鉴于你肯定正在远离一条现成的路，而且即将开辟一条新路。你正站在一个十字路口，其中一条道路通向一个由恐惧主宰的未来，走上它，你就会错过很多很好的机会；另一条路则通向你虽然承认有恐惧存在，但不会让它控制你的未来。你真正想要的未来是什么？当你考虑选择的长期影响时，它可以给你面对恐惧时所需的推动力。

如果你想克服恐惧，就首先要为自己设定明确的目标，为你的旅程制订一个详细的计划。倘若你知道自己要去哪里，还有如何到达那里，恐惧就会成为你可以克服的挑战，而不是阻止你的障碍。只要一步一个脚印地前进，你就会发现恐惧失去了对你的控制权。

你不必独自经历这一切，你身边有好多为你加油的人。你要与你的朋友、家人或导师谈谈你的恐惧及你想要实现的目标，他们的支持和指导可以产生很大的作用。你会发现你不是在独自面临恐惧，一路上都会有人鼓励你、支持你。

最后，要善待自己，想象一下给自己一个大大的、温暖的拥抱。你要明白，感到害怕是完全正常的，不要对自己太苛刻。只要你取得进步，即使它很小，也是值得骄傲的事情。要善待自己，记住你正在尽力而为。

42. 当感到气馁和沮丧时，我该怎么办？

感到气馁和沮丧是每个人在生活中都会经历的事情，就像在充满挑战的旅程中经历一段艰难的时光。假如你有这种感觉，这里有一些方式可以让你振作起来，而其中最强大的工具之一，就是你吸收的内容。要把它想象成"健康的心灵食物"，它可以对你的心态和整体幸福感产生巨大的影响。

如果你感到气馁或沮丧，那么注意你的精神世界所接收的东西是至关重要的。就像你的身体需要营养丰富、有益健康的食物来保持健康一样，大脑需要积极、令人振奋的内容才能茁壮成长。让我们探讨一下你吸收的内容如何成为你的安慰和灵感的来源。

首先，请考虑一下你正沉浸在什么类型的内容中。如果你经常浏览负面新闻、参与悲观的对话，或者沉溺于容易滋生消极情绪的社交媒体消息，你就会不可避免地感到气馁。它们就像你心灵的垃圾食品——类似的内容会助长你的恐惧和焦虑，让你处于沮丧状态。

相反，你要积极寻找滋养你心灵和精神的内容，就像你选择吃新鲜水果和蔬菜等健康饮食一样，要选择能提升和激励你的内容。请你阅读有关韧性、勇气和战胜逆境的故事的书籍、文章或观看类似的视频——这些故事就像"健康的心灵食物"，让你充满希望和动力，能打开你全新的视角。

此外，你要学会在源源不断的信息流中休息一下，比如停下来深呼吸。在数字时代，我们每天都会受到大量信息的轰炸，如果你经常被这些"噪声"困扰，就可能会导致你精神疲惫，感到沮丧。请关掉信息的开关，让你的头脑休息一下。

冥想、正念和在大自然中活动，是为你的精神电池充电的好方式。正如你需要睡眠来恢复身体的活力一样，你的心灵也会从平静和静止的时刻中受益，这有助于你重新整合自己的想法，让积极性重新流入其中。

此外，你还要选择陪伴你的人。你的社交圈在你的情绪健康中发挥着重要作用。与鼓舞和支持你的人在一起，就像有一个可信任的圈子，他们能为你提供鼓励，倾听你的想法并同你分享积极的观点。与之相应，如果你的社交关系主要是负面的，那么这就像在你的生活中保留毒素一样。

因此，请你努力与会激励你的人建立联系，加入与你有共同兴趣和价值观的团体或社区。你需要建立一个支持你的关系网，这可以帮助你在沮丧的时候找到安慰。

提升心态的另一个重要工具是设定可实现的目标，它能为你的旅程创建地图。目标会给你一种方向感，即使你感到沮丧，目标也能帮助你持续前进。你会从小的、可处理的目标开始，逐渐走向更重要的挑战。每一项成就，无论多么微不足道，都会增强你的信心和动力。

练习感恩是另一个强大的工具，它能照亮你生活的积极方面。假如你专注于你心怀感激的事情，即使在充满挑战的时期，你也能改善自己的心态。写感恩日记，或每天花点时间回想那些给你的生活带来快乐的内容，这些简单的练习都可以显著改善你的心态。

最后，请记住，如果你长期感到沮丧和气馁，你可以寻求专业帮助。就像你在身体不适时会去咨询医生一样，当你在负面情绪中挣扎时，寻求心理健康专家的指导是一个明智的选择。这相当于对疾病进行正确的治疗，他们可以根据你的特定需求为你提供应对策略和支持。

43. 当感到不知所措时，我该怎么办？

感到不知所措是一种常见的经历，这可能发生在任何人身上，当它发生时，你必须制定策略来恢复平衡和宁静的感觉。你可能正面临一场情绪风暴，而你可以通过练习自我关怀，将压倒性的情绪分解成更易于管理的部分，从而成功规避情绪失控的状况。

首先，请记住，感到不知所措是人对高负荷任务和压力的正常反应。就像一个人很难一次性携带过多杂货一样，试图同时处理所有事情也会让情况变得棘手。这就是自我关怀发挥作用的时候——它会在动荡时期充当你的锚点。自我关怀意味着采取行动来促进你的身心健康。

请你先给自己一些喘息的空间，花点时间退后一步，放松，做几次深呼吸，让你的神经系统平静下来。这种简单的正念行为，可以帮助你在情绪即将失控的时刻恢复平衡。

其次，你要考虑将艰巨的任务分解成更小、更方便处理的部分——如同将一座高耸的山峰变成一系列可以攀爬的山丘。如果你把一个重大挑战作为一个整体来看待，它就似乎是不可完成的，而将其分解为更小的任务可以帮助你重新取得控制感。

为了有效地做到这一点，请你列出所有有助于改善你的感受的事物：写下萦绕于你脑海的每项任务、责任或关注点，通过将这些想法外化到纸面上，你可以让它们看起来不再那么令人生畏。当你列出所有内容后，就要确定任务的优先程度。

你要确定最紧迫和最重要的任务，并先把它们完成。每当你完成一项任务，就将其从列表中删除，从而让自己取得成就感。委派任务给别人或寻求帮助是另一种有价值的策略：一个团队要为实现共同目标而共同努力，你不必独自面对压倒性的任务。必要时，请你寻求朋友、家人或同事的支持。

创建时间表或待办事项清单，就像为你的旅程制订详细的导航计划一样，可以帮助你保持井井有条和持续专注。你要将你的任务划分为几个可处理的部分，并为每部分分配特定的时间段。当你完成每项任务时，就在你的清单中将其标记为"已完成"，这会给你一种成就感。

此外，请你练习正念以保持脚踏实地——它是在情绪的暴风雨中让你保持稳定的锚。正念意味着完全不加评判地活在当下，当你不知所措，脑海中充满对未来的担忧时，正念会将你的注意力带回当下，从而减少你的焦虑和压力。

在工作期间，你要短暂休息一下，好让自己"充电"。这些短暂的休憩，比如呼吸新鲜空气，可以为你提供新的能量和清晰感。你要利用这些时刻伸展肢体、深呼吸或散散步。你会惊讶于短暂的停顿如何高效地让你的思想和精神恢复活力。

运动可以让你甩掉烦恼。运动会让你的大脑释放内啡肽，即天然的情绪提升剂，即使是短暂的锻炼或快走，也可以有效改善你的情绪，帮助你重新集中注意力和保持大脑清醒。

最后，你还要练习自我同情，为你的内在自我提供温暖的拥抱。要明白，感到不知所措是每个人生活的一部分，它不会削弱你的能力或韧性。与其自我批评或进行消极的自我对话，不如善待自己。请记住，你正在尽力而为。自我同情是你从容地应对情绪失控的有力工具。

如果你感到不知所措，请你记住，这是一种常见的经历，可以通过自我关怀和实用策略来管理。你要花点时间停下来，练习正念，分解任务，制定时间表，委派任务，寻求支持和进行体育锻炼，这些方法可以帮助你恢复平衡，以清晰和平静的状态去工作。自我同情则是一种温柔的提醒：面对挑战时，你已经在尽力而为了。这些做法共同确保了不知所措的感觉不会磨灭你茁壮成长的能力！

44. 我如何弄清楚自己的目标是什么？

发现自己的真正目标是一次个人成长的旅程，该旅程通常从一个深刻的问题开始：我真正想要的是什么？这个问题深入探讨了你最深切的渴望、激情和价值观，它会带领你超越外部压力和社会期望，把重点放在你真正的愿望上。

在明确你的目标的过程中，0—10 规则会是一个宝贵的指南针。这条规则可以帮助你区分两种目标：一种是与你真正想要的东西产生深刻共鸣的目标，另一种是你可能受到转瞬即逝的兴趣或外部压力影响而产生的目标。

你要以 0—10 规则对你的目标进行评分：得分接近 10 的目标，是与你的价值观和愿望高度一致的目标，这些对你来说是最重要的目标。这条规则就像一个过滤器，帮助你在各种选择和期望的喧嚣中，识别出对你来说真正重要的东西。它可以让你有效地确定优先事项，让你更容易将时间和精力集中在真正与你内心深处的渴望产生共鸣的目标上。

如果你用 0—10 规则评估你的目标，你就能够更好地区分什么是真正有意义的事情，什么是分散你注意力的东西或暂时的兴趣。这就像在一堆岩石中进行筛选，以找到对你最有价值的宝石一样。

将你的目标分解为更小、更易于处理的步骤，可以让你的目标变得更加清晰，方向更加明确。这些步骤是引导你实现目标的路径，使它们对你来说更容易实现，不那么令人生畏。在此过程中实现这些较小的目标，可以增强你的信心，让你保持动力。

请记住，随着你的兴趣、价值观和生活环境的改变，你的目标也会随着时间的推移而改变。因此，你可以在探索新领域的过程中调整路线。请你对重新评估和修改你的目标持开放态度，以确保它们与你的真实愿望保持一致。

45. 我如果感到孤独，该怎么办？

如果你感到孤独——我明白你的感受——孤独可能很让人难受，承认这一点至关重要。作为人类，我们都渴望联系和陪伴，这使得孤独成为一种难以面对的情绪。然而，你有没有想过，独处是否已经成为你的舒适区，而你是否正在成为自己的好朋友？这是一个值得探索的想法，因为你正在寻找打破孤独循环和重新建立联系的方式。在这段旅程中，走出舒适区是关键，我将为你提供行动计划和一些示例，来帮助你顺利走上这条道路。

（1）认识和反思。首先，你要承认你的孤独感。要明白，偶尔感到孤独是完全正常的。然后，请你反思：独处是否已成为你的默认设置？独处是你有意识的选择，还是逐渐演变的结果？找出孤独感产生的根本原因，是解决孤独感的第一步。

（2）设定可实现的目标。就像你可能计划一次具有可到达的目的地的公路旅行一样，你也要为建立社交联系设定切实可行的目标。这些目标可以很简单，比如每月参加一次社交活动，或者每周与一位老朋友联系。设定切合实际的目标可以确保你不至于让自己不知所措，也不会造成不必要的压力。

（3）拥抱不舒适。摆脱孤独，需要你走出自己的舒适区，因为你正在冒险进入未知的领域。你可以通过发起对话、参加聚会或尝试你感兴趣的新活动来挑战自我。走出舒适区对你建立新的联系和扩大社交圈至关重要。

（4）**练习自我同情**。做自己的朋友，就像你是别人的好朋友一样，要理解和善待自己，向自己的心伸出隐形的安慰之手。虽然寂寞可能是会自我循环的，但自我同情可以帮助你打破这种循环。请记住，偶尔感到孤独是正常的，它不会降低你的价值。

（5）**要有耐心**。建立有意义的联系需要时间，就像等待植物生长一样，你对自己和这个过程都要有耐心。虽然并非每一次互动都会带来深厚的友谊，但你的每一次努力都是重新建立联系的一步，要给自己时间和空间，按照自己的节奏发展人际关系。

（6）**如有需要，请寻求专业帮助**。如果孤独感严重影响到你的心理健康，请不要犹豫，尽早去寻求专业指导，治疗师可以为管理孤独感及解决其相关困扰提供宝贵的建议。

孤独是一种每个人都会遭遇的情绪，任何人都会受其影响。如果你发现独处已成为你的舒适区，那么是时候采取行动并与他人重新建立联系了。请记住，作为人类，我们都渴望交往和陪伴。要打破孤独的循环，请你走出舒适区，与老朋友们重新联系，加入俱乐部或团体，做志愿者，或者参与在线社区活动等。

通过设立行动计划，将自我反省、可行的目标与自我同情结合，可以帮助你重新建立联系，提供更充实、更有意义的社交生活。

46. 我如何变得更有信心？

你的信心很重要，从你的人际关系到职业成功，它可以显著影响你的生活。如果你想知道自己如何才能变得更加有信心，那么你并不是唯一这么想的人。信心不是与生俱来的，而是你可以培养的东西。在此，我们将探索一种涉及"收集"成功的方法——先从最小的成就开始，然后，逐步向更大的目标迈进，随着时间的推移，这个过程可以让你变得更有信心。

拥抱小小的成功。信心的树立不是一蹴而就的，这需要从取得小小的成功开始，就像在肥沃的土壤中播种一样。首先，你要肯定自己所取得的成功，无论它们看起来多么微不足道：你在工作中完成任务了吗？你有没有达到个人目标？如果有，无论大小，这些都是值得肯定的。

写成功日记。你可以撰写成功日记，记录你追求目标旅程中的里程碑，写下你的成就，无论它们是与工作相关的，还是与个人生活相关的，甚至是与你走出舒适区的那一刻相关……当你用写作记录下这些成就时，它们就可以增强你的信心，也可以提醒你自己的能力所在。

成功有助于增强信心。 成功是将你的信心推向新高度的助推器，当你取得成功时，即使是在最小的任务中，它也会对你的信心产生深远影响。在这里，我们将从最微小的成就谈起，深入探讨成功是如何让人逐步培养信心的。

每一次成功，无论多么微小，都是让你变得更加有信心的垫脚石。这些成就证明了你可以克服挑战，实现目标。它们的存在可以证明你的能力。例如，完成工作中的任务、实现个人目标，甚至成功走出舒适区，这些成就看起来可能微不足道，但它们中的每一个都称得上是胜利。

伴随着每一次小小的成功，你的信心都会增强。这些成功会成为土壤，当他们积累得足够深厚时，你的信心就会生根发芽，不断壮大。正如建筑师为摩天大楼打下坚实的地基一样，你也通过自己取得的成就为自信奠定了基础。

随着信心的增长，你会发现自己更愿意接受更大的挑战。在较小的任务中取得成功，会让你有勇气、有底气承担更重要的责任。这就像爬梯子一样，每个梯级都代表着一项成就，每向上一步，你的信心都将提升到一个新的高度。

此外，成功会为你提供走出舒适区的勇气。如果你体验到了实现目标的满足感，你就会更愿意突破自己的界限，展开你求知的翅膀，探索未知的领域。随着每一个新挑战的完成，你的信心都会提升一大截。

在树立信心的过程中，每一次成功都是你成长的证明，也是你成长的阶梯。成功不仅孕育信心，也孕育韧性。它们告诉你，挫折是成功的一部分，即使你遭遇失败，它们也会成为宝贵的经验教训，而不会动摇你的信心。你的每一个小的成功都是你动力的源泉，它们会提醒你过去的成就，以及你拥有在未来取得胜利和成就的潜力。

47. 我如何从一天中找到更多的时间？

每个人的时间是有限的，我们的生命也是有限的，虽然我们无法在一天中"找到"更多的时间，但我们可以将时间集中在对我们来说真正重要的目标和任务上，而让次要的事情，即 2 级和 3 级的事情随它去吧。

时间是一种不可再生的资源。时间不同于任何其他资源，一旦用光了，它就永远消失了，这就是为什么让每一刻都变得有意义至关重要。请你考虑一下这个类比：就像一个聪明的购物者会充分利用他们的预算一样，一个聪明的人应该充分利用自己的时间。

识别浪费时间的习惯。为了在一天中完成更多工作，你必须识别并摒弃自己浪费时间的习惯。浪费时间的习惯就像隐藏的小偷，在你不知不觉中偷走了你宝贵的时间。一个典型的例子是过度使用社交媒体：社交媒体可能是一个时间黑洞，盲目地浏览休闲网页、无休止地观看视频或陷入激烈的在线辩论，可能会消耗你一天中的数个小时。

拖延是另一个浪费时间的罪魁祸首。如果你延迟执行任务或完全逃避任务，就会导致工作积压，从而造成压力增加、效率低下的局面。

避免同时处理多项任务。虽然同时处理多项任务似乎可以节省时间，但这样做通常会导致工作效果不佳，任务完成速度变慢。在不同的任务之间跳转，会降低你的工作效率，分散你的注意力。

为个人任务分配时间。就像做财务预算一样，你要在一天中分配出时间，用于个人任务、爱好和休闲等。照顾好自己对你保持生产力和身心平衡至关重要。

认识到休息时间的重要性。休息不是浪费时间，而是恢复活力所必需的，你可以把它想象成给你的"电池"充电，以便在你回到你的任务时更有效率。

学会说"不"。这是一项重要的技能，可以帮你在自己的时间周围设置护盾。礼貌地拒绝与你的优先事项不一致的任务，对于确保你的一天能够专注于真正重要的事情至关重要。

充分利用技术。技术既可以浪费时间，也可以节省时间。请你利用能提高工作效率的应用程序和工具来简化任务、设定提醒并有效管理你的时间。同时，请注意技术可能带来的干扰。

减少干扰。请你尽量减少环境中的干扰。例如，电子邮件通知或电话导致的中断，或过度混乱的工作环境，可能会扰乱你的工作流程。你要创建一个可以最大限度地减少干扰的工作空间，让你完全专注于你的任务。

实施高效的时间管理。你要学会采用时间管理方法，例如"番茄工作法"，即在一定的时间间隔内集中工作，其间有短暂的休息。这种方式可以提高你的工作效率，帮助你在更短的时间内完成更多任务。

学会欣赏委派任务的力量。你要认识到何时可以将任务委派给他人。委派任务可以让你与受信任的同事或团队成员分担重任，从而让你在专注于自己核心职责的同时节省时间。

在一天中寻找更多时间，并不是要变魔术般地让时间变长，而是要优化你对自己所拥有的时间的使用。

48. 我如何避免把自己放在最后？

把自己放在最后这种思维模式往往源于多种因素，了解其根本成因对于做出改变至关重要。这种思维模式可能会对你的成功和未来产生不利影响，因此你必须对其加以克服。以下是为什么你会习惯把自己放在最后，还有停止这种习惯为什么对于你的成功和幸福至关重要的一些原因：

自我牺牲。许多人之所以把自己放在最后，是因为他们已经习惯于优先考虑他人。这通常始于童年经历——小时候，大人可能教导你，凡事都为自己着想是自私的。虽然关心他人是值得称赞的，但不断牺牲自己的需求，会导致心理倦怠并阻碍你的长期成功。如果你想要成功，就需要在照顾他人和自己之间取得平衡。

害怕被拒绝或否定。害怕被别人拒绝或否定，会使人养成把自己的需求放在最后的习惯。你可能会担心，如果你优先考虑自己的需求，就会被视为自私或不够体贴他人的人。然而，你要认识到，照顾好自己并不是自私的表现，而是自我保护和走向成功的必要条件。

缺乏自我价值。自卑和缺乏自我价值也会导致你将自己的需求排在最后。你可能不相信自己的需求与他人的需求一样重要。要取得成功，你必须承认你的自我价值，认识到你本身同样值得关注和关心。

过度承诺。过度的承诺会让你几乎没有时间留给自己。兼顾众多责任会让人别无选择，只能把自己的需求放在最后。然而，过度承诺会阻碍你的成功，因为同时做太多事情，必定会降低你做事的效率。

完美主义。完美主义会导致你在努力达到超乎自己能力的高标准时，只能把自己的需求放在最后。追求完美可能会令你感到束手束脚，阻止你专注于自己的目标和幸福。请你记住成功往往需要接受不完美及设定更现实的期望。

边界挑战。在设定和维持边界方面存在困难，会导致人们始终将自己的需求放在最后。当你难以说"不"或坚持自己的边界时，你可能会发现自己已经被与自己目标不一致的承诺所淹没。设定边界对于你在不牺牲幸福感的情况下取得成功至关重要。

缺乏自我关怀。忽视自我关怀，可能是人们始终把自己的需求放在最后的常见原因。成功与你的身心健康密切相关，忽视自我关怀会导致倦怠，这可能会对你未来的成功产生长期的负面影响。

短视。有时，把自己的需求放在最后是因为短视：你可能会因为专注于眼前的事情，而忽略了进行长期自我投资的重要性。如果你要取得持久的成功，就需要超越当下，考虑你的选择对你未来的长期影响。

榜样和文化影响。榜样和文化影响可以塑造你的行为。如果你在以牺牲自己的幸福感为代价，优先考虑他人的榜样的影响下长大，你就可能会不自觉地采用类似的模式。重新评估这些影响，考虑它们是否符合自己的价值观和目标对你来说至关重要。

害怕失败。对失败的恐惧会导致你把自己的需求放在最后，因为你想通过过度承诺来避免任何可以预料的失败。然而，取得成功往往需要你承担适当的风险和从挫折中吸取教训。优先考虑自己的健康和自我关怀，可以为你提供面对挑战和努力实现目标所需的韧性。

认识到你为什么习惯把自己的需求放在最后，是打破这种模式的第一步。重要的是，你要明白，不断牺牲自己的需求会阻碍你的长期成功。解决这些根本问题，例如自我牺牲、害怕被拒绝和缺乏自我价值等，对于你实现平衡的生活方式至关重要，在这种生活方式中，你可以在照顾他人的同时不忘兼顾自己的幸福感。成功需要自我关怀、设定界限和重视未来成就等长期视角的和谐融合。

49. 如果在自己想做出的改变上失了手，我该怎么办？

当你试图在生活中做出积极的改变时，遇到挫折可能是一种令人沮丧的经历。然而，你要记住，挫折是走向成功之路的固有部分。在养成新习惯或习得新的做事方式的过程中，你必须认识到，有意义的改变不会在一夜之间发生。习惯养成的一个公认原则表明，人需要大约一个月的持续练习才能养成一个新习惯，在大脑中开辟新的神经通路。因此，如果你发现自己已经放弃了打算做出的改变，不要失去希望。相反，请你考虑回到起跑线，承诺在接下来的 30 天内始终如一地重复这种新行为。

习惯是随着时间的推移而形成的根深蒂固的行为模式。这些模式被镌刻在你大脑的神经通路中，改变它们需要你重新调整自己的大脑以接受新的行为——这是一项艰巨的任务，需要耐心和奉献精神。

花 30 天时间养成新的习惯或做事方式之所以了不起，是因为它提供了一种有条理、有目的的思维方式，从而能为你带来持久的改变。这种方式会给你一个明确的时间框架，在此期间，你可以专注于习惯养成的关键要素：重复和保持一致性。回到起点，再花 30 天时间进行你希望促成的改变，类似于重置你的进度，这是一个强化新习惯，是将其自然而然地融入你日常生活一部分的机会。

改变可能具有挑战性，而挫折是其中不可或缺的一部分，一路上遇到磕磕绊绊是完全正常的。最重要的是，请你不要把这些磕磕绊绊看作失败，而是要把它们看作成长和学习的机会。每次做出新的行为，即使你偶尔会遇到挫折，也会加强你大脑中与该行为相关的神经通路，每天的练习都会让你离目标更近一步。

在这个过程中，保持一致性是关键。每天在同一时间坚持相同的行为，一直坚持30天，会让大脑了解到这个新习惯的重要性。然后大脑会强调这种想法，即做出这种改变是你生活中的优先事项。随着时间的流逝，当与该改变相关的神经通路变得更加强大和完善，新行为就会成为你身份和行为方式不可或缺的一部分。

坚持30天来养成新习惯或做事方式，就是承认有意义的改变是一段旅程，这证明了你的决心，也是你对自己的承诺。其间，你可能会遇到怀疑或沮丧的时刻，这些都是不可或缺的，有助于你更深入地了解自己，和改变自己的潜力。

请记住，你已经知道如何骑改变的自行车，即使你搞砸了，你也可以立即重来。花30天时间养成一个新习惯或一种新的做事方式，是在你的生活中创造积极改变的有力手段，它提供了一种有条理且行之有效的方式，让你可以养成新习惯并将其巩固为日常生活中不可或缺的组成部分。当你在改变的道路上遇到挫折或感到犹豫时，不要绝望，相反，要将它们视为调整和重新致力于你想要做出的改变的机会。通过全心全意地接受始终如一地养成新习惯的承诺，你可以为自己提供最好的机会，以此来实现持久的改变，从而以有意义的方式改善自己的生活。

我相信人类思维的力量可以带来惊人的成就。当你知道如何以不同的方式做事，以取得不同的结果，我相信，你完全可以创造自己的生活、打造自己的未来，拥有对自己负责的能力与力量。最重要的是，我相信你——现在你知道如何跻身于 6% 俱乐部，你已经准备好开始你人生的下一个篇章了！这将是一次不可思议的旅程。我为你感到兴奋！

致　谢

　　我愿意把这世上所有的爱都献给我的孩子——罗伊、艾比和米娅，他们让我每天都可以成为更好的自己，更好地做事！当然，我还要感谢我出色的团队，他们是我的左膀右臂。